# Die Dampfturbine als Schiffsmotor

Vergleichsrechnung
für verschiedene Systeme (Zoelly, Rateau,
Curtis, Parsons, Melms-Pfenninger)

von

**Dr.-Ing. Karl Besig**

Oberlehrer an der Kgl. Schiffsingenieur- u. Seemaschinistenschule
zu Stettin

Mit zahlreichen Figuren auf Tafeln

Springer-Verlag Berlin Heidelberg GmbH 1911

ISBN 978-3-662-32446-2 ISBN 978-3-662-33273-3 (eBook)
DOI 10.1007/978-3-662-33273-3

# Vorwort.

Die vorliegende Arbeit ist zunächst dem eigenen Bedürfnisse entsprungen, nach dem Studium vieler sich oft stark widersprechenden Mitteilungen von in- und ausländischen Fachzeitschriften über die Vorzüge und Nachteile der z. Z. gebräuchlichen Schiffsturbinen dadurch einen Überblick zu gewinnen, dass auf möglichst gleicher Grundlage, und zwar für ein zum Antrieb durch Turbinen besonders geeignetes Schiff, deren Berechnungen und Zeichnungen durchgeführt würden.

Zur Lösung dieser Aufgabe war u. a. eine Bestimmung der verschiedenen Rückwärtsturbinen erforderlich, über deren rechnerische Behandlung ich in Veröffentlichungen irgend einen Anhalt ausser der üblichen Angabe ihrer Leistung im Verhältnis zu derjenigen der Vorwärtsturbinen nicht finden konnte.

Die Rechnungen basieren auf einem von Dr.-Ing. W. Deinlein in seiner Veröffentlichung „Zur Dampfturbinentheorie“ (München 1909) angegebenen und hierfür besonders empfehlenswerten, einfachen Verfahren.

Sowohl aus Rücksicht auf bequemere, billigere Herstellung als auch zwecks leichteren Vergleichs der einzelnen Figuren untereinander sind diese ausserhalb des Textes im Zusammenhang angeordnet und zwar zuerst die Diagramme auf den Rechnungen entsprechend nummerierten Tafeln, dann die Längsschnitte und zum Schluss die Turbinen-Anlagen.

Es dürfte diese Arbeit trotz mancher ihr anhaftenden Mängel sowohl Studierenden als auch in der Praxis stehenden Ingenieuren, die sich mit der Berechnung von Schiffsturbinen befassen, ein willkommener Beitrag zu bereits vorhandenen Hilfsmitteln sein.

Stettin, im August 1911.

Dr.-Ing. Karl Besig.

# Inhaltsverzeichnis

## Hauptteil



## Anhang

# Die Dampfturbine als Schiffsmotor.

## Vergleichsrechnung für verschiedene Systeme (Zoelly, Rateau, Curtis, Parsons, Melms-Pfenninger).

Während einerseits in maschinellen Betrieben der Industrie, vornehmlich zum Antriebe von Dynamo-Maschinen für Beleuchtungszwecke, eine grössere Anzahl von Dampfturbinen-Systemen zur Anwendung gelangten, um bei starkem gegenseitigen Wettkampfe gemeinsam die Kolbenmaschine erfolgreich zu verdrängen, so ist das andererseits auf dem Gebiete der Schiffsmaschinen bisher nur in einem sehr geringen Masse der Fall gewesen; der hier zu verzeichnende Erfolg der Dampfturbine gegenüber der Kolbenmaschine wurde fast nur von einem einzigen System, der Parsonsturbine, erzielt. In rascher Entwicklung von der kleinen Bootsanlage der „Turbinia" 1894 zu denjenigen der Kanalpostdampfer, der Kreuzer, Schlachtschiffe und schliesslich 1907 zu den grössten Schiffsmaschinenanlagen der „Lusitania" und „Mauretania" hat die Parsonsturbine bisher kein anderes Turbinensystem in der Konkurrenz aufkommen lassen. In der Kaiserlichen Marine wurden seit 1904 die Torpedoboote S. 125, 169—172 sowie die Kreuzer „Lübeck", „Stettin", „Dresden", „Augsburg", „v. d. Tann", G und H mit Parsonsturbinen gebaut bezw. in Auftrag gegeben. Die Curtisturbine erschien nur in wenigen Schiffen als Mitbewerber, und erst in jüngster Zeit sind in der deutschen Marine die Turbine der A.-E.-G. Berlin, die unter Benutzung von Patenten der Curtisturbine entstanden ist, auf S. M. Tbt. V 161—164, 180—185 u. Krzr. „Mainz", ferner die Zoellyturbine auf S. M. Tbt. G 173 und Kreuzer „Cöln", und schliesslich die aus der Melms-Pfenninger-Turbine entstandene Schichauturbine auf S. M. Tbt. S 165—168, 176—179 und Kreuzer „Kolberg", zum Schraubenantrieb zur Verwendung gekommen, während die Rateauturbine bisher wenig Verwendung als Schiffsturbine gefunden hat.

Ein endgültiges Urteil über die Verwendungsfähigkeit, Wirtschaftlichkeit, Betriebssicherheit und Dauerhaftigkeit der einzelnen oben genannten Turbinen als Schiffsmotoren lässt sich wohl erst nach Verlauf einer Reihe von Jahren bilden, nachdem sie genügend erprobt und ihrem Spezialzwecke entsprechend unter Einholung des gewaltigen diesbezgl. Vorsprungs der Parsonsturbine ausgebildet und ihre Erfolge den Fachleuten auch genügend bekannt geworden sind; sind diese z. Z. doch noch allzusehr von Veröffentlichungen abhängig, welche von Interessenten in die Fachzeitschriften lanziert werden.

In folgender Arbeit wurde immerhin ein Vergleich zwischen den genannten Turbinensystemen angestrebt, indem für ein und dasselbe Schiff unter denselben Bedingungen der Schraubenantrieb durch obige Hauptarten der Druck- und Überdruckturbinen vorgesehen wurde. Der Gang der Rechnung und deren Ergebnisse sei hier nur kurz angegeben, während die Rechnung mit ihren Einzelheiten der besseren Übersicht wegen hiervon getrennt in einem Anhang durchgeführt worden ist.

## Abschnitt 1.

Die Maschinenanlage ist vorzusehen für einen Passagierdampfer für Wattfahrt von 980 t Deplacement und 22 kn Geschwindigkeit bei den Abmessungen

$$L = 82{,}00 \text{ m}, \; B = 9{,}10 \text{ m und } T = 2{,}50 \text{ m}.$$

Die an die Schrauben abzugebende effektive Gesamtleistung der Maschinen ergibt sich aus den Gleichungen von Middendorf (s. Anhang S. 25) zu:

$$N_e = 4500 \text{ PS}.$$

Wird die an die Schraube abzugebende effektive Leistung $N_e$ zu 93 % der kurz hinter der Turbine zu messenden Bremsleistung angenommen, so folgt:

$$N_b = \frac{N_e}{0{,}93} = \frac{4500}{0{,}93} = 4845 \text{ PS}.$$

Wird letztere Bremsleistung zu 95 % der sogenannten „indizierten" Leistung*) angenommen unter Berücksichtigung der Reibungsarbeit des Dampfes an den Schaufelwänden, so folgt:

$$N_i = \frac{N_b}{0{,}95} = \frac{4845}{0{,}95} = 5100 \text{ PS},$$

und hieraus wiederum die von 1 kg Dampf „indizierte" Arbeit:

$$L_i = \frac{N_i \cdot 75}{G} \text{ in mkg bezw. } AL_i = \frac{N_i \cdot 75}{427\ G} \text{ in cal.}$$

Ferner sei der sogen. „indizierte" oder „auf die indizierte Leistung

*) Vergl. „Die Dampfturbinen" von A. Stodola, 3. Auflage 1905, S. 12 und 29 betreffs „indizierter" Dampfarbeit, Leistung und Wirkungsgrad, sowie „Zur Dampfturbinentheorie"" von Dr.-Ing. W. Deinlein S. 2 und 8 betreffs der Bezeichnungen „indizierte Leistung" und „indizierter Wirkungsgrad".

bezogene thermodynamische Wirkungsgrad“ einschliesslich der zur Überhitzung bezw. Trocknung des Dampfes z. T. zurückgewonnenen Reibungsarbeit desselben an den Schaufeln, jedoch ohne Stopfbuchsen- und Spaltverlust:

$$\eta_i = 0{,}65,$$

so folgt für die in 1 kg Dampf verfügbare Energie:

$$Q_0 = \frac{AL_i}{\eta_i} = \frac{5100 \cdot 75}{427 \cdot 0{,}65 \cdot G} = \frac{1375}{G} \text{ in cal.}$$

Den folgenden Rechnungen ist zunächst $Q_0 = 184$ cal (S. 8) zugrunde gelegt, mithin folgt aus der letzteren Gleichung der sekundliche Dampfverbrauch:

$$G = \frac{1375}{184} = 7{,}5 \text{ kg},$$

und unter Berücksichtigung von 4% Mehrverbrauch infolge Stopfbuchsen- und Spaltverlustes:

$$G_1 = 7{,}5 \cdot 1{,}04 = 7{,}8 \text{ kg},$$

letzteren entsprechend der stündliche Dampfverbrauch:

$$D_1 = 3600 \cdot 7{,}8 = 28080 \text{ kg},$$

und die Dampfverbräuche pro PS und Stunde:

$$D_e = \frac{D_1}{N_e} = 6{,}25,\ D_{b1} = \frac{D_1}{N_b} = 5{,}81,\ D_{i1} = \frac{D_1}{N_i} = 5{,}51\ \frac{\text{kg}}{\text{PS,St.}}$$

Für Hilfsmaschinen und Apparate ohne Heizung und Verdampfer sind noch ca. 14% davon hinzuzurechnen, dies ergibt:

$$D_2 = 32011 \text{ kg},$$

somit bei einer Verdampfungsziffer von 8,5 einen stündlichen Kohlenverbrauch von

$$Q_2 = 3775 \text{ kg};$$

die den letzteren entsprechenden Werte für die effektive und Bremspferdestärke sind:

$$D_{e2} = 7{,}13 \text{ bezw. } D_{b2} = 6{,}64 \text{ in } \frac{\text{kg}}{\text{PS,St.}}$$

$$Q_e = 0{,}84 \quad \text{„} \quad Q_b = 0{,}78 \text{ „} \quad \text{„} \ .$$

Diese Werte entsprechen den durchschnittlichen über Schiffsturbinen-Anlagen veröffentlichten.

In Veröffentlichungen ausgeführter Schiffsturbinen-Anlagen werden für die Rückwärtsturbinen meistens ihre Leistungen im Vergleich zu denjenigen der Vorwärtsturbinen angegeben. Die ersten Anlagen genügten vielfach nicht den Anforderungen, die an die Rückwärtsturbinen zu stellen waren — eine Folge ihres schlechten Wirkungsgrades —, so dass sie z. B. auf S. M. S. „Lübeck“ und Tbt. „S 125“ vergrössert werden sollten.*)

Um das für die Rückwärtsturbine zur Erzielung guter Manövrierfähigkeit der Anlage zu fordernde genügend grosse Drehmoment zu erhalten, sind für diese einerseits möglichst grosse Schaufelkranzdurchmesser und andererseits durch ein jedes Rad zu übertragende möglichst grosse Nutzleistungen ($AL_i$) vorgesehen, soweit andere hiervon abhängige Ergebnisse es zuliessen.

Als Leistung wurde unter Berücksichtigung einer geringeren Umlaufzahl bei Rückwärtsfahrt und eines um mehr als die Hälfte des obigen Betrages verringerten „indizierten“ Wirkungsgrades durchschnittlich

$$N_{i_R} = 0{,}3\ N_{i_V} = 1530\ \mathrm{PS_i}$$

zugrunde gelegt unter Einhaltung des für die Vorwärtsturbinen berechneten sekundlichen Dampfverbrauchs. (Vgl. Anhang S. 32, 42.)

## Abschnitt 2.

### Berechnung der Schrauben.

Da diese nach Barnaby oder nach Seaton (s. Hütte, 20. Auflage, S. 694) für die besonders durch den Turbinen-Antrieb bedingten hohen Umlaufzahlen auf wenig genügende Ergebnisse führte, so ist im Anhang (S. 26—32) eine Schraubenrechnung entwickelt worden, deren Gleichungen unter Benutzung von Veröffentlichungen über Fahrtergebnisse von Turbinen-Schiffen und über Schlepp-Versuche mit Turbinenschrauben-Modellen den hier gestellten Bedingungen besser genügen.

Unter Zugrundelegung der mittleren von den für Turbinenschiffe im Anhang angegebenen Faktoren ist (aus Gl. 3b des Anhangs S. 27) die unten folgende Reihe von Schraubenabmessungen ermittelt worden; z. B. aus Gl. 3b:

$$D = C_2 \cdot \sqrt{\frac{N_e : z}{v}}\,;\quad C_2 = \sqrt{\frac{\eta_s \cdot 185}{p \cdot \varphi}}$$

unter Einsetzung von

$$\begin{aligned} \eta_s &= 0{,}6, \\ p &= 0{,}715, \\ \varphi &= 0{,}45, \\ s &= 0{,}20 \end{aligned}$$

*) Nach „Der moderne Schiffbau“ II. Teil von B. Schulz 1910 S. 446 u. 448; m. W. sind diese Umbauten nicht erfolgt.

folgt: $C_2 = 18{,}55$

$$D = 18{,}55 \cdot \sqrt{\frac{4500 : 3}{22}} = 153 \text{ cm} = 1530 \text{ mm},$$

$$H = q \cdot D = 0{,}9 \cdot 153 = 137{,}7 \text{ cm} = 1380 \text{ mm},$$

$$n = v \cdot \frac{1852}{60 \cdot H \cdot (1-s)} = 617.$$

Hierbei kam es auf eine Variation der Umlaufzahlen innerhalb der für Turbinenschiffe bekannt gewordenen Grenzen zwischen $n = 200 - 600$ an, — durch Benutzung verschiedener, jedoch nur wenig von obigem $C_2$ abweichender Faktoren —, um für die später folgende Turbinen-Rechnung diesbezl. Auswahl zu haben. Es wurden aus diesem Grunde diese Rechnungen für eine Anlage von 2 und 3 Wellen mit je einer Schraube durchgeführt.

Schraubentabelle für $N_e = 4500$ PSe effektive Turbinen-Gesamtleistung und $v = 22$ kn:

| | $z = 3$ | | $z = 2$ | | | | | | | | | | |
|---|---|---|---|---|---|---|---|---|---|---|---|---|---|
| Nr. | $n_1$ | $D_1^{cm}$ | $n_2$ | $D_2$ | $\eta s$ | $\varphi$ | $p$ | $p/Cu$ | $q$ | $s$ % | $\varphi \cdot p$ | $q(1-s)$ | Nr. |
| I | 617 | 153 | 505 | 188 | 0,60 | 0,45 | 0,715 | 0,0144 | 0,9 | 20 | 0,322 | 0,72 | I |
| II a | 530 | 159 | 434 | 195 | 0,60 | 0,45 | 0,669 | 0,0145 | 1,0 | 20 | 0,301 | 0,80 | II a |
| II b | | 176 | | 216 | | | 0,558 | 0,0110 | 0,9 | | 0,242 | 0,72 | II b |
| III a | 398 | 214 | 320 | 262 | 0,60 | 0,258 | 0,640 | 0,0145 | 0,9 | 20 | 0,165 | 0,80 | III a |
| III b | | 170 | | 208 | | 0,515 | 0,515 | 0,0145 | 1,26 | | 0,265 | 1,01 | III b |
| IV | 265 | 320 | 217 | 392 | 0,60 | 0,111 | 0,644 | 0,0145 | 1,0 | 20 | 0,071 | 0,80 | IV |

Die Verringerung der Umlaufzahl unter gleichzeitiger Vergrösserung des Durchmessers wird mithin erreicht durch Verringerung von $\varphi \cdot p = Fp/Fs \cdot K/Fp = K/Fs$, d. h. des auf die Schraubenkreisfläche bezogenen spezifischen Schubs; soll hierbei jedoch der Durchmesser sich nicht bezw. nur wenig vergrössern, so muss das Produkt $q \cdot (1-s) = H \cdot (1-s) / D$, d. h. der pro Umdrehung erfolgte und auf die Einheit des Durchmessers bezogene Schraubenfortschritt sich entsprechend vergrössern.

Für die Rückwärtsturbinen wurde eine Umlaufzahl von $n_R = 380$ zugrunde gelegt (s. Anhang S. 32).

## Abschnitt 3.

Als Antriebsmotoren sind im folgenden die in der Einleitung angeführten Turbinen vorgesehen und auf gemeinsamer Grundlage berechnet worden, um zum Schluss einen Vergleich der einzelnen Systeme zu ermöglichen; zu diesem Zwecke ist angenommen worden (s. Anhang S. 33):

Die Kessel liefern für eine indizierte Leistung von $N_i$ = 5100 $PS_i$ bei einer Spannung von 15,5 Atm. trocken gesättigten Dampf $x = 1{,}00$, $t = 202^0$ C), der infolge Strahlungs- und Leitungsverlustes in den Rohren vor dem Eintrittsventil der Turbine auf 15 Atm. ($x = 0{,}995$, $t = 198^0$) sinkt; hier werde er zwecks Vergrösserung des spezifischen Volumens auf $p_e = 11{,}5$ Atm. abs. unter 10° C Überhitzung ($t = 195^0$, $v = 0{,}18$ cbm/kg) gedrosselt, und er expandiere in der Vorwärtsturbine auf eine durchschnittliche Austrittsspannung von $p_a = 0{,}06$ Atm. abs., was einem Wärmegefälle von $Q = 184$ cal pro 1 kg Dampf entspricht.

Für die Rückwärtsturbinen ist eine Expansion von demselben Anfangszustand des Dampfes auf nur 50 $^0/_0$ Vakuum vorgesehen worden, um ein eher ungünstigeres Ergebnis der Rechnungen zu erzielen, als der Betrieb der ausgeführten Anlage bringen würde. Diese Expansion liefert ein durchschnittliches Wärmegefälle von 124 cal.

Die während der Rechnung der einzelnen Turbinen gewonnenen und für alle Systeme bezw. für die Gesamtanlage massgebenden Erfahrungen wurden den späteren Rechnungen zugrunde gelegt.

## I. Zoelly-Turbine.

(Anhang S. 33—44; Beilage I, VI u. VII.)

Diese Turbine wurde unter drei Sonderbedingungen durchgerechnet:

A. Dieselben Winkel und Geschwindigkeiten für das Leit- und Laufradpaar einer jeden Stufe bei den Stufenzahlen $s = 16$ und $s = 32$ zur Erzielung desselben Profils für jedes Schaufelpaar (Anhang S. 33—38);

B. Konstante Schaufellänge zur Erzielung zylindrisch begrenzten Kanals (Anhang S. 38—40)

1) innerhalb einer jeden Leitschaufel,
2) innerhalb sämtlicher Schaufeln einer jeden von 4 Gruppen;

C. Konstante Beaufschlagung innerhalb von 5 Expansionsstufen-Gruppen (Anhang S. 40—41).

Die Rechnungen zu A und zugehörigen Zeichnungen in den Diagrammen (Beilage I) zu A führten zu folgendem Ergebnis:

Dampfspannung hinter dem letzten Laufrad $p_a = 0{,}073$ Atm. abs., $Q = 180$ cal, $A \cdot L_i = 127$ cal, $\eta_i = 0{,}705$. Der Dampfverbrauch

$D_i = 4{,}975 \frac{\text{kg}}{\text{PS}_i\,\text{St.}}$ (siehe Anhang S. 35) für die gesamte Anlage ohne Berücksichtigung der Undichtheitsverluste an den Naben der Leitscheiben und den Wellenaustritten.

Die unter verschiedenen Annahmen wiederholten Rechnungen lieferten bezgl. der Schaufellängen und Kranz-Durchmesser Ergebnisse, die zur Anlage von nur zwei Wellen mit der Umlaufzahl $n = 505$ (Schraubentabelle S. 7) nötigten, wobei jede Welle durch eine 32-stufige Turbine von $D = 3180$ mm mittlerem Kranzdurchmesser angetrieben wird, während die Rechnung für eine Anlage von 3 Wellen einerseits sowie eine 16-stufige Turbine mit geringerer Umlaufzahl andererseits zu geringe Schaufellängen und zu grosse Kranzdurchmesser ergab (siehe Anhang S. 36—37).

Die Schaufellängen wachsen von ca. 29 mm am Austritt des 1. Leitschaufelkranzes allmählich stufenweise um je 2,35 mm bis auf 101 mm am Austritt des letzten Leitrades an, entsprechend einem Zuwachs der Beaufschlagung von 4 % im ersten Leitrad bis auf volle (100 %) im letzten Leitrade; die Laufschaufel erhält die Länge der folgenden Leitschaufel (siehe Fig. 24).

Da die Länge der Leitschaufel entsprechend der Dampfexpansion vom Eintritts- und nach dem Austrittsende zu wächst, die Leitschaufeln somit konische Begrenzung erhalten müssen, so würde die Berücksichtigung dieser Forderung die Schaufelherstellung und Montage sehr verteuern.

Infolgedessen wurde die Rechnung „B" angestellt, die — zugleich Bedingung in „A" erfüllend — der Forderung zylindrisch begrenzter Leitschaufelköpfe genügte; d. h. die radial gemessene Länge einer jeden Leitschaufel ist vom Eintritts- zum Austrittsende des Kanals unveränderlich und zwar gleich derjenigen der unter A berechneten entsprechenden Schaufel an deren Austrittsende (s. Fig. 25); die Leitschaufeln wachsen somit zunächst von Stufe zu Stufe unter Beibehaltung der unter A ermittelten Beaufschlagungsziffern (siehe Tabelle I, $B_1$ unter $l, \varepsilon$). Die Beschaufelung kann aber noch erheblich dadurch verbilligt werden, dass innerhalb von 4 Gruppen die Längen sämtlicher darin vorhandenen Schaufeln einander gleich gemacht werden, z. B. in Gruppe I: $la_1 = le_2 = la_2 = \ldots . le_8 = la_8$ (s. Tabelle I, $B_2$ unter $l'$ $\varepsilon'$ u. Fig. 26). Infolgedessen ändern sich die Beaufschlagungsziffern (innerhalb derselben Grenzwerte $\varepsilon_1 = 4$ % und $\varepsilon_{32} = 100$ %) gegen die vorherigen Werte, um der Volumenzunahme des expandierenden Dampfes zu genügen. Den Leitschaufeln wird ausserdem — wie in Rechnung A für die ganze Turbine — hier innerhalb von 3 Gruppen je ein Profil entsprechend je einem Geschwindigkeitsdiagramm (Fig. 3) zugrunde gelegt.

Unter Beibehaltung der beiden Bedingungen A u. $B_1$ ist noch der Forderung konst. Beaufschlagung innerhalb von 5 Gruppen in Rechnung C entsprochen worden, in der Absicht, die Zersplitterung des Dampfstrahls und den dadurch bedingten Stossverlust zu verringern. Es wurden daher dieser Rechnung C die zu B gehörigen 3 Diagramme (Fig. 3) und 3 mittleren Volumenverhältnisse $\frac{V_n}{V_{n+1}}$ (S. Tab. I, B) und ausserdem für die ganze Turbine nur 5 Beaufschlagungen $\varepsilon_I = 5$, $\varepsilon_{II} = 10$, $\varepsilon_{III} = 25$, $\varepsilon_{IV} = 60$, $\varepsilon_V = 100\,\%$ zugrunde gelegt. Hierdurch änderten sich die Schaufellängen so, dass sie im ersten Leitrade einer jeden Gruppe geringer, im letzten grösser sind als diejenigen der entsprechenden Stufe der Rechnung A bezw. B (vgl. Tabelle im Anhang S. 38.) Hierfür gilt auch Fig. 25, jedoch mit $la_1 = 23{,}8$ u. $l_2 = 26{,}7$ mm.

Unter diesen 4 Beschaufelungsarten A, $B_1$, $B_2$ und C können für die Ausführung nur diejenige mit konstanter radialer Schaufellänge aller zu einer Gruppe vereinigten Einzelstufen einerseits ($B_2$) und diejenige mit konstanter Beaufschlagung innerhalb von 5 Gruppen (C) andererseits als in theoretischer wie praktischer Hinsicht gleichwertig empfohlen werden.

Unter Annahme einer Breite von 20 mm und 25 mm bei einer Schaufellänge bis zu 100 mm bezw. darüber und der entsprechenden Teilungen von 12 und 15 mm ergeben sich für die 32-stufige Vorwärts- und 8-stufige Rückwärtsturbine die Gesamtschaufelzahlen von 31970 bezw. 7682, zusammen 39652.

Es wurde z. B. für $b = 25$ mm ein Schaufelprofil so ausgebildet, dass dasjenige der Laufschaufel durch Drehung für die zugehörige Leitschaufel benutzt werden könnte (vgl. Beilage VI, Fig. 4).

Wie aus Fig. 4 ersichtlich ist, weisen die Kanäle infolge des Schaufelprofils starke Veränderungen ihrer Weite auf, es verengen sich besonders die Leitkanäle gegen ihr Austrittsende zu. Bei Zoellyturbinen werden daher zur Vermeidung dieses Übelstandes die Leitschaufeln aus Nickelstahlblech gepresst. Im ersteren Falle ergibt dies für Anlage A, B u. C 1, 3 bezw. 4 verschiedene Profile, im letzteren Falle das Doppelte hiervon.

Die Berechnung der Rückwärtsturbine gemäss Rechnung A der Vorwärtsturbine ergibt unter Einhaltung des Dampfverbrauchs der letzteren $Q = 136{,}5$ cal, $AL_i = 42$ cal, $\eta_i = 0{,}325$ entsprechend einer „indizierten" Leistung $N_i = 0{,}33 \cdot 5100 = 1683$ $PS_i$. Ihre

8 Radpaare haben dieselben Abmessungen wie diejenigen der Vorwärtsturbine, ihre Schaufeln sind trotz geringer Beaufschlagungen von $\varepsilon = 4—38\,{}^0/_0$ nur 13—20 mm lang.

Die Zeichnung dieser Turbine (Beilage VII.) führt auf die in der zum Schluss gegebenen Tabelle eingetragenen Hauptabmessungen. Sie wurde nach den im Engineering vom 3. 7. 08. S. 1 angegebenen Zeichnungen einer Landturbine, System Zoelly (von Messrs. Mather & Platt Ld., Manchester) dimensioniert, um zu praktisch zu verwirklichenden Abmessungen zu gelangen. Es ist hieraus ersichtlich, dass dieses System infolge der Radnaben mit ihren Abdichtungen an der Welle eine um ca. $180\,{}^0/_0$ grössere Länge beansprucht, als sie durch die Schaufelbreiten bedingt würde, so dass diese Turbine ausser grossen Querabmessungen auch eine grosse Länge aufweist.

Die Beschaufelung ist im oberen Bild entsprechend der Rechnung C und im unteren Bild gemäss Rechnung $B_2$ durchgeführt, wobei die Hauptabmessungen der Turbine dieselben bleiben.

## II. Rateau-Turbine.

(Anhang S. 44—52; Beilage II, VI u. VIII.)

Der Versuch, für diese Turbine unter denselben Bedingungen wie bei der vorhergehenden Zoelly-Turbine höhere Beaufschlagungen, — $\varepsilon = 0{,}10—1$ konstant innerhalb von 4 bezw. 5 Stufengruppen — als bei letzterem System einzuführen, ergibt verhältnismässig geringe Schaufellängen, und zwar für die ersten Leitschaufeln jeder Gruppe eine Länge von nur 15—18 mm, hierbei wurde aber der bei Rateau-Turbinen gebräuchliche Leitschaufel-Austrittswinkel $\alpha = 25^0$ eingehalten. Die Rechnung und Zeichnung in den Diagrammen (Beilage II) führte annähernd auf die gewünschte Endspannung von $p_a = 0{,}064$ Atm. abs. bei einem pro 1 kg Dampf verfügbaren Gesamtwärmegefälle von $Q = 184$ und indizierter Leistung $A \cdot L_i = 121$ cal, so dass der „indizierte" Wirkungsgrad $\eta_i = 0{,}66$ beträgt. Hieraus folgt ein „indizierter" Dampfverbrauch $D_i = 5{,}22\ \frac{\text{kg}}{\text{PS}_i\ \text{St.}}$ für die Gesamtanlage von 2 Turbinen.

Diese Rechnung wurde für gleiche Schaufelwinkel für alle Stufen der Turbine durchgeführt, so dass ein Profil allen Laufschaufeln genügt. Dasselbe Profil könnte wiederum durch Drehung auch für alle Leitschaufeln ausgenutzt werden in Rücksicht auf die hierdurch erzielte Verbilligung der Beschaufelung, wie in Fig. 9 auf Blatt VI durchgeführt worden ist. Es gilt hier ebenfalls das oben über die Schaufeln der Zoellyturbine Bemerkte, und daher werden sie bei Rateauturbinen ähnlich wie bei jenen ausgebildet. Rateau-Turbinen weisen meistens eine erheblich breitere Leit- als Laufschaufel auf, wodurch die Dampfreibungsverluste in ersterer erhöht werden.

Ohne praktisch genommen einen merklichen Fehler zu begehen, kann die durchgeführte Rechnung auch für zylindrisch begrenzte Leitschaufelkanäle gelten (s. Anhang S. 48) analog der Rechnung „B“ und Fig. 25 für die Zoellyturbine (vergl. S. 9). Die in Tabelle II eingetragenen Leitschaufellängen überschreiten bei Annahme von 4 Stufengruppen mit je konstanter Beaufschlagung nur in den letzten 5 Einzelstufen der I. Gruppe den Betrag von 100 mm, wodurch für die Laufschaufeln aus Rücksicht auf deren Festigkeit eine grössere (achsial gemessene) Breite, mithin ein zweites Profil erforderlich wird. Dies wird vermieden durch Anordnung von 5 Stufengruppen.

Die Breite ist für sämtliche Laufschaufeln der Turbine $b = 20$ mm, die Teilung $t = 12$ mm, da die Längen 100 mm nicht überschreiten. Dies bedingt eine Gesamtschaufel-Zahl der 31-stufigen Vorwärts- und 7-stufigen Rückwärtsturbine von 29446 bezw. 6758, zus. 36204.

Die Rückwärtsturbine besteht aus 2 Gruppen von 4 und 3 Einzelstufen von 3075 und 3370 mm mittlerem Schaufelkranzdurchmesser und soll unter Einhaltung des für die Vorwärtsturbine errechneten Dampfverbrauches aus $Q = 122$ cal verfügbarem Wärmegefälle $AL_i = 41{,}5$ cal nutzbar machen; dies entspricht einer „indizierten“ Leistung $N_i = 0{,}343 \cdot 5100 \backsim 1750$ $PS_i$.

Die Schaufeln sind 11,7—20 mm lang bei 5—30 % Beaufschlagung.

Die Zeichnung dieser Turbine (Beilage VIII) führt zu den in der Schlusstabelle (S. 18) eingetragenen Hauptabmessungen; sie wurde auf Grund der im Eng. (vom 15. 5. 08. S. 639) veröffentlichten Zeichnungen einer Landturbine, System Rateau, (gebaut von Mssrs. Fraser & Chalmers Ld., Erith) dimensioniert. (Vergl. obige Bemerkung zur Zoellyturbinen-Skizze.) Auch hier wird fast dieselbe Länge wie bei der Zoellyturbine infolge der Radnaben-Breiten erreicht; die Querabmessungen am Niederdruckende stimmen ebenfalls mit denjenigen der Zoellyturbine annähernd überein.

## III. Curtis-Turbine.

(Anhang S. 53—61; Beilage III, VIa u. IX.)

Diese Turbine für eine Anlage von 2 Wellen und eine Umlaufzahl von $n = 505$ wurde zweimal durchgerechnet; beidemal mit demselben Winkel $\alpha_1 = 18^0$ und achsialer Richtung des aus jedem Rad austretenden Dampfes unter Vernichtung seiner Strömungsenergie sowie allmählich von Rad zu Rad um ca. 10 % (von $\varepsilon = 0{,}10$ bis 1) wachsender Beaufschlagung.

A. (Anlage S. 53—56; Beilage III, Fig. 10, 11, 12 u. 16 u. IX). In der ersten Rechnung wurden 7 Druckstufen angenommen, dagegen infolge Ausnutzung der Dampfreibungswärme 8 Druckstufen*) bei einer Expansion auf $p_a = 0{,}058$ Atm. abs. und einem Sättigungsgrade von $x = 0.92$ erzielt, was allerdings eine sehr gute bezw. grosse Kondensations-Anlage erfordert. Das erste Rad trägt 4 Kränze bezw. Geschwindigkeitsstufen zur Übernahme von 2/9, die übrigen Räder tragen je 3 Kränze zur Übernahme von je 1/9, d. h. zusammen 7/9 der Gesamtleistung für jede Turbine. Hierbei wurde jedoch ein im Vergleich mit der Zoelly- und Rateau-Turbinenanlage ziemlich hoher Dampfverbrauch von $D_i = 6{,}45$ infolge eines thermodynamischen Wirkungsgrades von nur $\eta_i = 0{,}525$ erhalten; andererseits wurden aber geringe Durchmesser $D_1 = 1585$ mm und $D_{2-8} = 1700$ mm bei verhältnismässig grossen Schaufeln von $l = 24{,}4$ bis 267 mm (vgl. Tab. III unter A, Anhang S. 58) erzielt. Unter Annahme derselben Schaufelteilungen wie in Rechnung I u. II sind die Schaufelzahlen für die Vorwärts- und Rückwärtsturbine 15295 bezw. 3604, zusammen 18899, die gesamte Profilanzahl 15 bei Verwendung des Laufschaufelprofils für die zugehörige Leitschaufel.

B. (Anhang 56—59; Beilage III Fig. 13, 14, 15.) Die zweite Rechnung ergab ebenfalls eine Druckstufe mehr als in der Hauptgleichung angenommen worden war (siehe Fussnote zu A*), nämlich 9 Räder bei einer Expansion auf $p_a = 0{,}055$ und $x = 0{,}895$, d. h. mit annähernd dem Kondensationsaufwand wie vorher. Das erste Rad trägt hier nur 3 Kränze zur Übernahme von 2/10, die übrigen 8 Räder je nur 2 Kränze zur Übernahme von 8/10 der Gesamtleistung einer jeden Turbine. Der Dampfverbrauch $D_i = 5{,}6$ kg/PS$_i$, St. bei $\eta_i = 0{,}61$ ist nur wenig höher als derjenige der Rateauturbine. Die Durchmesser $D_1 = 2265$ mm und $D_{2-9} = 2690$ mm sind aber erheblich grösser und die Schaufellängen von $l = 14{,}7$ bis 122,5 mm viel geringer als in der unter A. berechneten Turbine (vgl. Anhang S. 58, Tabelle III unter B).

Die Anzahl der Schaufeln ergibt sich für die Vorwärts- und Rückwärtsturbine zu 18993 und $3604 \cdot \frac{705}{445} \backsim 5720$, zusammen 24713,

*) Infolge Nichtberücksichtigung von Faktor $\mu$ (s. Anhang S. 54), den eine Nachrechnung zu 1,16 ergibt.

so dass sich diese Turbine dementsprechend teurer wie diejenige zu A stellen wird. Die Profilzahl ist 13, somit fast dieselbe wie zu A.

Die zur Beurteilung der Rückwärtsturbine erforderlichen Berechnungsergebnisse sind

$Q = 119$ cal, $AL_i = 28{,}7$ cal, $\eta_i = 0{,}24$, $N_i = 0{,}293 \cdot 5100 = 1494 \mathrm{PS_i}$.

Sie besteht aus 2 dreistufigen Rädern von 1700 mm Schaufelkranzdurchmesser, die Schaufeln, denen 3 Profile genügen, haben bei 20 u. 50 % Beaufschlagung 14,2—64,3 mm Länge.

Bei diesem Turbinensystem müssen die Leitschaufeln entsprechend der Abnahme der Achsialgeschwindigkeiten von einer Geschwindigkeitsstufe zur nächsten in radialer Richtung wachsen, so dass die Leitschaufelkanäle nur konische Begrenzung erhalten können.

In Fig. 31 (VIa) sind 2 Schaufelschemata gezeichnet, zur linken Seite unter Wahrung derselben Kanalweite für alle 4 Kranzpaare, zur rechten Seite unter Ausbildung von Kanälen mit möglichst konstanter Weite innerhalb eines Schaufelkranzes, wobei die Weiten jedoch von Stufe zu Stufe wachsen. Die letztere Beschaufelung hat eine diesem Zuwachs entsprechende Verkürzung der Schaufellängen zur Folge und hat dabei den Vorteil, im letzten Laufrad die plötzliche Kanalerweiterung zu vermeiden, die bei Umgehung der unbrauchbaren dicken Schaufeln durch dünnere und ausgeschärfte Profile entstehen müsste.

Die 8-stufige Turbine (A) ist ebenfalls nach einer im Eng. vom 3. 5. 07. S. 598 gegebenen Illustration einer Curtisturbine gezeichnet (Beilage IX), und ist deshalb hier ebenso wie bei der Zoelly- und Rateau-Turbine von einer näheren Beschreibung und Durchführung der Konstruktion abgesehen worden. Auch hier gilt das zur Zoellyturbinen-Zeichnung Bemerkte betr. der Längsabmessungen. Die 9-stufige Turbine (B) wurde nur im Masstabe 1 zu 200 analog der Zeichnung auf Beilage IX auf Blatt XII zum Vergleich mit den übrigen Turbinen wiedergegeben, und die Hauptabmessungen beider Turbinen sind ebenfalls in der Seite 18 folgenden Tabelle eingetragen.

## IV. Parsons-Turbine.

(Anhang S. 61—71; Beilage IV, IVa, VI u. X.)

Auch diese Turbine als Hauptvertreter der Überdruckturbinen wurde für die Anlage von 2 Wellen mit $n = 505$ zweimal durchgerechnet:

A. (Anhang S. 61—66; Beilage IV Fig. 17, 18, 18a, 21 und X.) In der ersten Rechnung wurde innerhalb von 5 Stufengruppen konstanter Schaufelwinkel von $\alpha_1 = 15^0$ bis $\alpha_5 = 33^0$ sowie Kranzdurchmesser von $D_1 = 1440$ bis $D_5 = 2835$ mm bei halbem Reaktionsgrad angenommen. Die in jeder Stufengruppe verfügbaren Wärmegefälle und Anzahl von Leit- und Laufschaufel-Kränzen sind, wie aus Tabelle IV, Anhang S. 65 ersichtlich ist, so angenommen, dass die pro Kranzpaar entfallenden Wärmegefälle vom Hochdruck zum Niederdruckende zu entsprechend dem Anwachsen der Kranzdurchmesser ansteigen und ausserdem das Expansionsverhältnis in jeder Stufengruppe annähernd dasselbe (1 : 2,565) ist. Die Rechnung und die Diagramme führen bei 76 Leit- bezw. Laufrädern auf eine Endspannung von $p_a = 0{,}064$ Atm. abs. bei einem Sättigungsgrade von $x = 0{,}867$ mit einem Dampfverbrauch $D_i = 4{,}955$ kg/PS$_i$, St. infolge eines thermodynamischen Wirkungsgrades von $\eta_i = 0{,}695$. Hierbei ergeben sich in der Vorwärtsturbine sehr geringe Schaufellängen (wenigstens im Anfang) von $l = 7{,}5$ bis 94 mm, wodurch die Dampfdurchlässigkeitsverluste recht gross werden.

Bei der in vorangegangenen Systemen angenommenen Teilung der Schaufelkränze ergibt die Rechnung dieser vollbeaufschlagten Turbine 70580 und 13336 Schaufeln für den Vorwärts- und Rückwärtsteil, mithin die bedeutende Gesamtschaufelzahl von 83916, wobei unter Verwendung des Laufschaufelprofils durch Drehung für die zugehörige Leitschaufel nur 5 verschiedene Profile für die Vorwärts- und noch 3 Profile für die Rückwärtsturbine benötigt werden.

B. (Anhang S. 66—69; Beilage IVa Fig. 19, Fig. 20 I—V). Die zweite Rechnung wurde für konstante Schaufellänge, d. h. zylindrisch begrenzte Schaufelkanäle, innerhalb von 5 Stufengruppen, durchgeführt und zwar unter Annahme desselben ersten Leitschaufel-Austrittswinkels $\alpha_1 = 15^0$, sowie der in Rechnung A gewählten Wärmegefälle, Stufenzahl, Expansionsgrade und Kranzdurchmesser.

Die Expansion gemäss Diagramm Fig. 19 führt fast auf denselben Endzustand wie diejenige in Rechnung A gemäss Fig. 17 bei wenig höherem Dampfverbrauche $D_i = 5{,}15$ kg/PS$_i$, St., $\eta_i = 0{,}666$.

Die Schaufellängen (vgl. Anhang S. 65, Tabelle IV unter B) sind in den ersten Stufengruppen bedeutend geringer, in der letzten dagegen durchschnittlich grösser als in Rechnung A; der sogenannte „Spaltverlust“, d. h. der Dampfdurchlässigkeitsverlust in den Spielräumen zwischen den Schaufelköpfen und dem Gehäuse bezw. der

Trommel, ist infolgedessen hier etwas grösser wie dort, wodurch die Wirtschaftlichkeit dieser Anlage noch etwas mehr gegenüber derjenigen von A vermindert wird. Die Schaufelzahl des Vorwärtsteils ist bei Annahme obiger Teilungsziffern um nur ca. 1500, d. h. kaum 2% geringer, die Anzahl verschiedener Profile dagegen selbst bei Verwendung eines und desselben Profils für eine grössere Anzahl von Schaufelpaaren 10 (vgl. Anhang S. 69 unter $\beta$) d. h. das Doppelte derjenigen in Rechnung A; für deren Rückwärtsteil würden keine hinzukommen.

Für die Rückwärtsturbine mussten 3 Stufengruppen mit 18, 10 und 6 Schaufelkranzpaaren zugrunde gelegt werden, indem von $Q = 121{,}5$ cal verfügbarem Wärmegefälle $AL_i = 39$ cal nutzbar gemacht werden, entsprechend einer „indizierten“ Leistung $N_i = 0{,}306 \cdot 5100 \backsim 1560$ PS$_i$ unter Annahme desselben sekundlichen Dampfverbrauchs für Vor- und Rückwärtsgang.

Um hier nicht noch kleinere Schaufeln wie im Vorwärtsteil der Turbine zu erhalten, mussten die hinsichtlich der Forderung eines möglichst hohen Drehmoments geringen Schaufelkranzdurchmesser von 1400, 1550, 1700 mm gewählt werden. Für die Schaufeln sind noch 3 Profile erforderlich.

Nach einer im Engineering vom 3. I. 08, Tafel I veröffentlichten Zeichnung wurde auf Beilage X der Längsschnitt und die Seitenansicht einer Parsonsturbine mit den in diesen Rechnungen gewonnenen Abmessungen gezeichnet und zwar die Anlage A mit konstanten Schaufelwinkeln, während sonst die Parsonsturbinen gemäss Anlage B ausgeführt werden. Diese Zeichnung zeigt im Vergleich zu den Zeichnungen VII, VIII, IX, dass die Länge hauptsächlich durch die Schaufelbreiten mit Spielräumen zwischen den Schaufelkanten und durch die Kranzzahl bestimmt wird.

## V. Kombination von Gleich- und Überdruck-Turbine.

(Melms-Pfenninger-Schichau-Turbine.)

(Anhang S. 71—73, Beilage V u. XI.)

Diese Anlage wurde der Einfachheit halber aus den ersten drei Rädern der Curtis- und den letzten beiden Stufen der Parsonsturbine zusammengesetzt unter Benutzung der für diese in III A und IV A (Anhang S. 53—56, 61—66) durchgeführten Rechnungen und Diagramme (Beilage III, Fig. 10—12, IV a, Fig. 17, 18, 21), um den Vorteil grösserer Schaufellängen der Curtisturbine im H.D.-Teile, grösseren thermodynamischen Wirkungsgrades der Parsonsturbine im N.D.-Teile der Anlage auszunutzen, wodurch ein zwischen den Werten jener beiden Turbinen stehender Dampfverbrauch $D_i = 5{,}75$ kg/PS$_i$, St. entsprechend einem Wirkungsgrad $\eta_i = 0{,}608$ erzielt wird. Die Schaufellängen werden im H.D.-Teile = 21,7—43,4 mm, im N.D.-Teile $l = 22{,}6$—89,5 mm.

Als Rückwärtsturbine diene die Parsons-Rückwärtsturbine, um hier von einer besonderen Berechnung des Rückwärtsteils abzusehen. Die Benutzung der Curtis-Rückwärtsturbine (Anhang S. 59) würde allerdings ein besseres Drehmoment bei geringer Verkürzung dieser Turbinenanlage ergeben. Die „Schichau-Melms-Pfenninger-Turbine" besteht hier ebenfalls aus einem mehrkränzigen Aktionsrad und einer Trommel mit 2 bis 3 Gruppen von einigen Reaktionsstufen.

Auch die Schaufelzahl — 36568 für Vorwärts, 13336 für Rückwärts, zusammen 49904 mit 7 verschiedenen Profilen im H.D.-, 3 im N.D.- und 3 im Rückwärts-Teile — sowie die Länge dieser Turbine hält sich bei annähernd denselben Querabmessungen zwischen den entsprechenden Abmessungen der Curtis- und Parsonsturbine, wie durch Vergleich der Zeichnungen und der folgenden Tabelle zu ersehen ist.

Die Länge dieser Turbine hätte durch Ausführung des rotierenden H.D.-Teils als Trommel — Schichau-Turbine — noch etwas verringert werden können.

Diese Kombination hätte auch als Schulz-Schiffsturbine konstruktiv durchgeführt werden können, wobei man ungefähr zu denselben Abmessungen wie bei der Schichauturbine gelangt wäre; eine geringe Verkürzung hätte die Anordnung der ersten Rückwärtsstufengruppe mit radialer Beaufschlagung gebracht.

## Abschnitt 4.

In folgender Tabelle sind zum Vergleich der einzelnen Rechnungsergebnisse die wichtigsten Werte zusammengestellt:

a) die ersten 5 Werte bestimmen den Wirkungsgrad und den Dampfverbrauch,

b) die nächsten 6 die Dampfdurchlässigkeit an den Schaufelköpfen, somit ebenfalls den Dampfverbrauch,

c) die folgenden Schaufelzahlen $z$ und Profilzahlen $Z$ sowie die folgenden aus den Zeichnungen entnommenen Abmessungen bestimmen zum grössten Teile die Herstellungskosten,

d) die Hauptabmessungen schliesslich die Verwendungsfähigkeit der Anlage bezüglich des Raum- und Gewichtsbedarfs.

# Tabelle.

| Turbine | $Q$ | $s$ | $AL_i$ | $\eta_i$ | $D_i$ | $l_1$ | $l_s$ | $D_1$ | $D_s$ | $D_1/l_1$ | $D_s/l_s$ | $z_V$ | $z_R$ | $z_T$ | $Z$ | $D_{max}$ | $L_V$ | $L_R$ | $L_T$ | $L_{St.}$ | Diagramm | Längsschnitt | Bemerkung. |
|---|---|---|---|---|---|---|---|---|---|---|---|---|---|---|---|---|---|---|---|---|---|---|---|
| I. Zoelly A | 180 | 32 | 127 | 0,705 | 4,98 | 29,2 | 101 | 3180 | 3180 | 106 | 32 | 31 970 | 7 682 | 39 652 | 2 | 3600 | 3840 | 960 | 5120 | 5680 | I. Fig 1—5 | VI. Fig. 24 | Konstant. Schaufel-Winkel. |
| B | 180 | 32 | 127 | 0,705 | 4,98 | 29,2 | 101 | 3180 | 3180 | 106 | 32 | 31 970 | 7 682 | 39 652 | 3 | 3600 | 3840 | 960 | 5120 | 5680 | I. „ 1—5 | VI. 25 VII. 28 | Konstant. Schaufel-Länge. |
| „ C | 180 | 32 | 127 | 0,705 | 4,98 | 23,3 | 97 | 3180 | 3180 | 136 | 33 | 31 970 | 7 682 | 39 652 | 4 | 3600 | 3840 | 960 | 5120 | 5680 | I. „ 1—5 | VI. 26 VII. 27 | Konstant. Schaufel-Beaufschlg. |
| II. Rateau | 184 | 31 | 121 | 0,660 | 5,22 | 17,6 | 43,5 | 2012 | 3430 | 114 | 79 | 29 446 | 6 758 | 36 204 | 2 | 3750 | 3720 | 840 | 4880 | 5180 | II. Fig. 6—9 | VIII. Fig. 29 | Konstant. Schaufel-Winkel. |
| III. Curtis A | 186,5 | 8 | 98 | 0,525 | 6,45 | 24,4 | 267 | 1585 | 1700 | 64 | 65 | 15 295 | 3 604 | 18 899 | 15 | 2200 | 1710 | 410 | 2760 | 3240 | III. Fig. 10—12 u. 16 | IX. Fig. 30 | 8 Räder |
| „ B | 186,5 | 9 | 113 | 0,610 | 5,60 | 14,7 | 122,5 | 2265 | 2690 | 154 | 22 | 18 993 | 5 720 | 24 713 | 13 | 1522 | 1610 | 320 | 2570 | 3010 | III. Fig. 13-15 | — | 9 Räder |
| IV. Parsons A | 184 | 152 | 127,5 | 0 695 | 4,96 | 7,5 | 94 | 1440 | 2835 | 192 | 30 | 70 580 | 13 336 | 83 916 | 8 | 3040 | 2859 | 728 | 4227 | 4693 | IV. Fig. 17—18 u. 21 | X. Fig. 32 | Konstant. Schaufel-Winkel. |
| „ B | 185 | 152 | 123 | 0,666 | 5,15 | 7,8 | 105 | 1440 | 2835 | 185 | 27 | 69 080 | — | — | 10 | — | — | — | — | — | IV. Fig. 19 IVa 20 | — | Konstant. Schaufel-Länge |
| V. Melms-Pf. | 181,5 | {3+ 54} | 110 | 0,608 | 5,75 | 21,7 | 89,5 | 1585 | 2835 | 76 | 32 | 36 568 | 13 336 | 49 904 | 14 | 3040 | 1623 | 728 | 2991 | 3453 | V. Fig. 22 | XI. Fig. 33 | Komb. v. III A u. IV A |
| VI. Curtis | 207 | 9 | 110 | 0,532 | 5,75 | 16,0 | 271 | 1585 | 1700 | 99 | 63 | — | — | — | 52° C Überhitzung im Eintrittskanal | | | | | | IV Fig. 23a | — | 9 Räder gemäss Ausführung III A. |
| VII. Parsons | Dieselben Werte wie unter IV A | | | | | 10,2 | 96,6 | 1440 | 2835 | 140 | 29 | S. unier IV A | | | 64° C Überhitzung im Eintrittskanal | | | | | | V. Fig 23 | Nur in den Schaufellängen von der Ausführung X. Fig. 32 abweichend. | |
| | Nur für die Vorwärtsturbinen giltige Werte | | | | | | | | | | | Schaufelprofile VI: Fig. 4, 9, 31, (VIa), 32a. Masch.-Anlagen XII: Fig. 34—41. | | | | | | | | | | | |

Hierin bedeuten:

$l_1$ = erste Leitschaufellänge;

$l_2$ = letzte Leitschaufellänge;

$D_1$ = erster Schaufelkranzdurchmesser;

$D_2$ = letzter Schaufelkranzdurchmesser;

$Z$ = Profilanzahl;

$D_{max}$ = grösster Flanschdurchmesser des Gehäuses;

$L_V$ = Beschaufelungslänge der Vorwärtsturbine;

$L_R$ = Beschaufelungslänge der Rückwärtsturbine;

$L_T$ = Länge zwischen den ersten Schaufelkanten der Vorwärts- und Rückwärtsturbine;

$L_{St.}$ = Länge zwischen den Aussenkanten der Stopfbuchsen.

Zu a) Abgesehen von geringen, höchstens 3,5% betragenden Abweichungen in den pro 1 kg verfügbaren Wärmemengen $Q$, durch welche $\eta_i$ und $D_i$ entsprechend verändert werden, dürfte bezüglich des Wirkungsgrades und des hieraus folgenden Dampfverbrauchs die Zoelly- und die Parsonsturbine mit konstanten Schaufelwinkeln am günstigsten, die 8-stufige Curtisturbine dagegen am ungünstigsten, die Rateau-, die 9-stufige Curtis- und die Parsonsturbine mit konstanten Schaufellängen ungefähr auf gleicher Höhe stehen, die kombinierte Turbine stellt neben konstruktiver Hinsicht auch hierin den Kompromiss zwischen den entgegengesetzten Fällen dar.

Zu b) Die von dem Verhältnis $D/l$ abhängige Bemessung des Spielraumes zwischen den Schaufelköpfen und dem Gehäuse bezw. den Rad- oder Trommelumfängen ist nun wichtig für den sog. „Spaltverlust" der Überdruckturbinen, der ihren effektiven Wirkungsgrad sehr beeinflusst. Von einem „Spaltverlust" der Druckturbinen kann in vorliegenden Berechnungen nicht gesprochen werden, da für ihre Expansionsdiagramme die Dampfspannung innerhalb der Laufschaufeln als vollkommen unveränderlich angenommen wurde. Diese Annahme steht allerdings im Widerspruch zu der von Stodola in seinem Werke „Die Dampfturbinen" III. Auflage, S. 84 geäusserten Ansicht, dass bei geringen Wärmegefällen innerhalb der Leitkanäle — wie in den vorliegenden Rechnungen — eine Druckabnahme innerhalb der Laufschaufeln mit folgendem Überdruck im Spalt stattfindet, somit „auch ein Undichtheitsverlust zu erwarten" ist (s. auch die weiteren hieran sich anschliessenden Bemerkungen Stodolas). Hierdurch würden die unter a) festgestellten Unterschiede in der Wirtschaftlichkeit der einzelnen Anlagen verringert, sie würden aber dennoch in einem gewissen Grade bestehen bleiben, wenn hier von den weiteren Differenzen in der Wirkung der bei den einzelnen Druckturbinen-Systemen benutzten Wellenabdichtungen abgesehen wird. Jedenfalls wird der unter a) angegebene Vorteil der Überdruckturbine durch ihre Spaltverluste stark beeinträchtigt, was nur zum Teil wieder durch das Fehlen von Dampfdurchlässigkeitsverlusten ausgeglichen wird, die die Druckturbinen infolge von Undichtheit zwischen den Leitscheiben- und Laufradnaben mehr oder weniger aufweisen.

Zu c) Die bei weitem grösste Gesamt-Schaufelanzahl ist in der Parsonsturbine erforderlich; von dieser Anzahl benötigt die kombinierte Turbine nur 59 ½ %, die Zoellyturbine 47 %, die Rateauturbine 43 %, die 9-stufige Curtisturbine 28 % und die 8-stufige nur 22½ %. Im Verhältnis dieser Zahlen dürften durchschnittlich die Beträge an Arbeitslohn stehen, welche das Einsetzen der Schaufeln kostet; sie werden allerdings etwas abgeändert durch die Anzahl der erforderlichen Profile und zwar zu Ungunsten der Parsonsturbine und noch mehr der Curtisturbine.

Von einem Vergleich der Materialkosten der Schaufeln, welche direkt proportional den Produkten aus Schaufelzahl, Länge und Querschnitt sind, der Gehäuse, Trommeln und Scheiben sowie der Armaturen sei hier abgesehen, da sie zu sehr von den Konjunkturen, Werkstattseinrichtungen usw. einzelner Fabriken abhängig sind.

Zu d) Noch besser als die in der Tabelle eingetragenen Hauptabmessungen zeigt Beilage XII, auf der 6 Anlagen in die Pläne des eingangs dieser Arbeit berechneten Schiffes eingezeichnet sind, ihren Raumbedarf und ungefähr auch ihre Gewichtsverhältnisse. Hiernach dürften die 8-stufige Curtis- und die mit ihr kombinierte Turbine den geringsten Raum bei geringstem Gewicht beanspruchen, die 9-stufige Curtisturbine mehr Raum querschiffs, die Parsonsturbine dagegen grösseren Raum längsschiffs benötigen, während zwei Zoellyturbinen oder Rateauturbinen die ganze Schiffsbreite mit wenig Zwischenraum mittschiffs und an den Bordwänden ausfüllen, dabei ausserdem die ersten Anlagen an Länge bis auf das Doppelte, an Gewicht um ein Mehrfaches übertreffen.

Allerdings ist hierbei zu berücksichtigen, dass die aus den Rechnungen sich ergebenden Leistungen der Rückwärtsturbinen der einzelnen Systeme von einander erheblich abweichen, einerseits infolge geringer Unterschiede in den erreichten Endspannungen und andererseits infolge von Differenzen in den Wirkungsgraden; derjenige der Curtisturbine ist um fast die Hälfte geringer als der durchschnittliche Wert bei den übrigen Anlagen. Die Drehmomente der Rückwärtsturbinen dürften sich hierbei entsprechend wie die Leistungen verhalten hinsichtlich der erheblichen Unterschiede der Schaufelkranzdurchmesser.

Bei Annahme derselben Wellenneigung, um die Schrauben bei dem geringen Tiefgang genügend tief unter die Wasseroberfläche zu bringen, würden die kleinsten achtstufigen Curtisturbinen 14,7 m weiter nach hinten als die grössten, die Zoellyturbinen, untergebracht werden können,*) wodurch jene Anlage erheblich weniger Schiffsraum in Anspruch nimmt, abgesehen von der entsprechenden Verkürzung der Wellen. Wird für alle Anlagen ein den beiden Turbinen genügender Kondensator querschiffs hinter ihnen innerhalb des ca. 3 m längsschiffs bis zum hinteren Maschinenraumschott verfügbaren Raumes vorgesehen, so würde die Anlage der 8-stufigen Curtisturbine zwischen Spant 19 und Spant 33 (s. Fig. 36,), diejenige der Zoelly- oder Rateauturbine dagegen zwischen Spant 43 und 61 (s. Fig. 34, 35) und die übrigen Anlagen zwischen Spant 25 (26, 28) und Spant 41 (40, 41) (s. Fig. 37-39) zu liegen kommen. Hierbei ist in allen Räumen vor den Turbinen bis zum vorderen Maschinenraumschott ein für den Maschinistenstand, Manöverierapparate und Hilfsmaschinen verfügbarer Raum von 1,5 bis 2 m vorgesehen.

Würden die kleinsten in Fig. 36a—b gezeichneten Turbinen weiter nach vorn zwischen die Spanten 52 und 61 untergebracht, so liesse dies die Anordnung von zwei Kondensatoren zu, einen auf Bb- und einen auf Stb-Seite des Schiffes, was bei allen andern Anlagen in Rücksicht auf eine bequeme Hebung der Gehäusedeckel und Aufnahme der Trommeln oder Räder ausgeschlossen ist. In Fig. 41 sind für diese Anlage 2 Kondensatoren mit den zugehörigen Pumpen, 2 Öl-, 2 Speise-, 1 Lenz-, 1 Spül- und 1 Ballastpumpe, sowie die Lichtmaschine eingezeichnet zum Vergleich mit der in Fig. 40 dargestellten Anlage derselben Turbinen innerhalb der Spanten 19 und 33.

Die aus obigen Darlegungen ersichtliche grosse Ersparnis an Schiffsraum, der dauernd dem Reeder nutzbar zur Verfügung stehen würde, dürfte gewiss zu einem grossen Teile die Mehrausgabe an Kohlen infolge geringer Wirtschaftlichkeit ausgleichen.

## Schluss (s. Anhang S. 73—75, Beilage V, Va).

Der vorstehende Vergleich der einzelnen Turbinensysteme miteinander beruhte ausser auf der Annahme gleicher Leistung und Umlaufzahl auf derjenigen gleichen Anfangszustands des in die Turbine eintretenden Dampfes und gleichen Vakuums (vergl. S. 8).

Unter Aufrechterhaltung der ersten beiden Annahmen und des Vakuums, dessen Betrag von durchschnittlich 94 % das Ergebnis

*) D. h. um ca. 24 1/2 Spantentfernungen zu je 0,6 m zwischen den Auspuffmitten beider Anlagen gerechnet.

bereits günstig beeinflusste, soll zum Schlusse versucht werden, die berechneten Anlagen in ihren ungünstigen Ergebnissen zu verbessern:

1. Zur Verringerung der Abmessungen der Zoelly- und Rateauturbine würde die Einführung von Geschwindigkeitsstufen beitragen, wie sie z. B. die von der französischen Firma Schneider & Co., Creusot, gebaute 4000 PS.-Schiffsturbine, System Zoelly, aufweist. (S. Engineering v. 13. 8. 09. S. 213.)*) Dieser Ausführung entsprechend könnten die ersten 20 (oder 26) Druckstufen der Zoellyturbine (Fig. 2) sowie die ersten 26 (oder 30) Druckstufen der Rateauturbine (Fig. 7) ungefähr durch die ersten 5 (bezw. 7) Druckstufen der 9-stufigen Curtisturbine (Fig. 15) und deren übrigen 2 (bezw. 4) Räder durch eine Anzahl von Einzeldruckstufen ersetzt werden, etwa wie bei der oben erwähnten Turbine von Schneider & Co., Creusot, ebenfalls in Form einer Trommelturbine. Dies ergibt somit eine der Melms-Pfenninger-Turbine analoge Kombination zwischen der Curtis- und Zoelly- oder Rateauturbine. Dadurch würde aber der Dampfverbrauch sich der Kombination entsprechend demjenigen der Curtisturbine nähern.

2. Um nun die bisherigen Dampfverbrauchszahlen, namentlich diejenigen der Curtisturbine sowie der mit ihr kombinierten Systeme zu verringern, bliebe die Erhöhung der pro 1 kg Dampf verfügbaren Wärmemenge über den obigen Rechnungen zugrunde gelegten durchschnittlichen Betrag von $Q = 184$ cal hinaus übrig und zwar nur durch Überhitzung des Kesseldampfes, da mit dessen bisher angenommener Spannung von 15,5 Atm. (16 Atm. abs.) die praktisch in Rücksicht auf das Kesselgewicht zu empfehlende Grenze erreicht ist.

Die Überhitzung soll 52° C, die Temperatur des Kesseldampfes somit 254° C betragen (s. Anhang S. 73), er soll mit $p_e = 16$ Atm. abs. und $t_e = 250°$ C in die Turbine eintreten.

Verschiebt man nun die auf Beilage I—IV gezeichneten Expansionsdiagramme ohne Berücksichtigung der in diesen verzeichneten Spannungen und Sättigungsgrade mit ihrem Anfangspunkt auf der J.-S.-Tafel von Mollier von dem bisherigen Punkt — $p_e = 11{,}5$ Atm. abs., $t_e = 195°$, $v_e = 0{,}18$ cbm/kg — auf den durch die Zustandswerte des Dampfes $p_e = 16{,}0$ Atm. abs., $t_e = 250°$, $v_e = 0{,}145$ cbm/kg gekennzeichneten Punkt der Tafel**), so folgt z. B. bei Benutzung der

---

*) Bemerkung: Dieser sehr ähnlich ist die Zoelly-Germania-Turbine.

**) Bemerkung: Diese Verschiebung der durchgepausten Diagramme kann zur Ersparung der nochmaligen Durchrechnungen und Aufzeichnungen der Diagramme ohne merklichen Fehler, der durch geringe Abweichungen der kurzen Linien konstanten Drucks entsteht, vorgenommen werden.

Stufen von Fig. 12 (Beilage III), dass den 8 Stufen für die Curtisturbine III A noch eine 9te hinzugefügt werden könnte (s. Fig. 23a), wobei sich $Q$ von 186,5 auf 207 cal, $A \cdot L_i$ von 98 auf 110 cal, $\eta_i = 0{,}525$ auf 0,532 erhöht und anstatt des vorherigen Endzustandes $p_a = 0{,}058$ $x_a = 0{,}909$, $v_a \backsim 22$ der Zustand $p_a = 0{,}052$ $x_a = 0{,}943$, $v_a \backsim 26$ erreicht wird. Der „indizierte" Dampfverbrauch $D_i$ verringert sich von 6,45 auf 5,75 kg/PS$_i$, St, somit um 10,9%, d. h. für je 5,7° C Überhitzung 1% Dampfersparnis.

Die Schaufeln erhalten hierbei nach Tabelle VI (s. Anhang S. 74) Längen von 16 bis 159 mm, ausschliesslich der hinzugekommenen 9ten Stufe, d. h. etwas kürzere Schaufeln, als für Anlage III A berechnet wurden.

3. Die namentlich bei der Parsonsturbine erhaltenen kurzen Schaufeln und hiermit verbundenen Spaltverluste wären nur noch dadurch zu vermeiden, dass ein grösseres spezifisches Volumen zur Verfügung gestellt würde; denn von einer Veränderung der anderen Faktoren in der Gleichung

$$l = G \cdot \frac{v \cdot 1{,}08 \cdot 1000}{c \cdot \sin \alpha \cdot \varepsilon D \pi}$$

soll abgesehen werden, da deren günstigste Werte in der Rechnung IV bereits ermittelt sind. Zu diesem Zwecke soll die vorstehende Überhitzung infolge Wärmezuführung noch durch Drosselung des Dampfes von $p_e = 16{,}0$ Atm. abs. $t_e = 250°$ C auf $p_e' = 9{,}2$ Atm. abs., $t_e' = 241°$ C erhöht, d. h. eine Überhitzung des eintretenden Dampfes um 64° C versucht werden:

Durch Verschiebung des Diagramms, Fig. 17 (IV), ohne Berücksichtigung der Spannungen und Sättigungsgrade auf den durch diese letzten Werte bestimmten Punkt der J.-S.-Tafel von Mollier (vergl. Fussnote S. 22) erreicht man mit demselben verfügbaren und „indizierten" Wärmegefälle und Wirkungsgrade, wie an Fig. 17 vermerkt ist, mithin mit demselben Dampfverbrauche, z. B. $D_i = 4{,}955$ kg/PS$_i$, St. die in Fig. 17 angeschriebene Endspannung, allerdings bei einem von 0,87 auf 0,91 vergrösserten Sättigungsgrade.*)

Entsprechend der Vergrösserung der spezifischen Volumina verlängern sich die Schaufeln des ersten Kranzes um 37%, die des letzten nur noch um ca. 3% gegenüber denjenigen der Rechnung IV A.

Nun ist in obigen Angaben die „indizierte" Leistung $AL_i$ ohne Berücksichtigung von Spalt- und Stopfbuchsenverlust gerechnet. Die den Spalt durchströmende Dampfmenge $G_s$ kann gleich der mit dem

---

*) Bemerkung: Diese Verschiebung ist annähernd parallel der Drucklinie $p = 0{,}06$ (vergl. Beilage V, Fig. 23).

Verhältnis aus den radial gemessenen Spalt- und Schaufelabmessungen multiplizierten Menge des die Kanäle durchströmenden Dampfes $G$ angenommen werden,

$$\text{d. h. } Gs \backsim \frac{s}{l} \cdot G.$$

Ist für den ersten Schaufelkranz die Spalthöhe $s_1 = 1{,}4$ mm, für den letzten $s_{152} = 2{,}5$ mm, so folgt für

$$\text{Turb. IV A: } Gs_1 = \frac{1{,}4}{7{,}5} \cdot G = 0{,}187 \cdot G,\ Gs_{152} = \frac{2{,}5\,G}{94{,}0} = 0{,}027 \cdot G, \text{ d.h. } 10{,}7\,\%$$

$$\text{Turb. VII: } Gs_1 = \frac{1{,}4}{10{,}3} \cdot G = 0{,}136 \cdot G,\ Gs_{152} = \frac{2{,}5\,G}{96{,}6} = 0{,}026 \cdot G, \text{ d. h. } 8{,}1\,\%$$

mittlerer Spaltverlust.

Die in Rechnung IV A erzielten Dampfverbrauchszahlen würden unter Berücksichtigung der Spaltverluste für die

Parsonsturbine IV A: $D_i = 1{,}107 \cdot 4{,}955 = 5{,}485$ kg/PS$_i$, St,

„ VII: $D_i = 1{,}081 \cdot 4{,}955 = 5{,}356$ kg/PS$_i$, St,

d. h. eine Verringerung für $D_{i\,\mathrm{VII}}$ gegenüber $D_{i\,\mathrm{IV\,A}}$ um kaum $2^1/_2\,\%$.

Die hierdurch erzielte Erhöhung der Wirtschaftlichkeit dieser Anlage wird zum Teil wieder durch den Mehrverbrauch an Brennmaterial vermindert, der zur Überhitzung des vom Kessel gelieferten Dampfes erfordert wird. Die Parsonsturbine würde somit mit der für die letzte Rechnung VII vorgeschlagenen Massnahme der Überhitzung gegenüber der auf Rechnung IV A basierenden Turbine kaum einen nennenswerten Erfolg erzielen, ganz abgesehen von den Schwierigkeiten, die unter Umständen mit einer Überhitzungsanlage auf Schiffen verbunden ist.

# Anhang.

1. **Berechnung der Maschinenleistung** nach Middendorf*) für einen Passagier-Turbinendampfer (für Wattfahrt) von folgenden Dimensionen:

$L = 82{,}00$ m Länge zwischen den Perpendikeln,
$B = 9{,}10$ m Konstruktionsbreite,
$T = 2{,}50$ m Konstruktions-Tiefgang,
$D = \delta \cdot LBT = 0{,}51 \cdot 82 \cdot 9{,}1 \cdot 2{,}5 = 952$ cbm Deplacement,
$\boxtimes = \beta \cdot B \cdot T = 0{,}85 \cdot 9{,}1 \cdot 2{,}5 = 19{,}30$ qm Hauptspantfläche,

$$F = LB \cdot \frac{\delta}{\beta} + 1{,}7 \cdot L \cdot T = 82 \cdot \left(9{,}1 \cdot \frac{0{,}51}{0{,}85} + 1{,}7 \cdot 2{,}5\right) = 796 \text{ qm}$$

benetzte Oberfläche (nach Denny),

$$v = 22 \frac{\text{sm}}{\text{St}} = 11{,}33 \frac{\text{m}}{\text{sek}} \text{ Geschwindigkeit,}$$

$$\text{Widerstand } W_1 = \varepsilon \cdot \frac{\boxtimes \cdot B \cdot v^{2,5}}{\sqrt{B^2 + \zeta \cdot L^2}},$$

$$\varepsilon = 14{,}3 \text{ für } \frac{L}{v^2} = \frac{82}{128{,}25} = 0{,}64,$$

$$\zeta = 1{,}9 \text{ für } \frac{L}{B} = 9,$$

$$W_1 = 14{,}3 \cdot \frac{19{,}30 \cdot 9{,}1 \cdot 431{,}6}{\sqrt{9{,}1^2 + 1{,}9 \cdot 82^2}} = 9560 \text{ kg},$$

$$\text{Widerstand } W_2 = 0{,}16 \cdot F \cdot v^{1,85} = 0{,}16 \cdot 796 \cdot 89{,}10 = 11320 \text{ kg},$$

$$W = W_1 + W_2 = 20880 \text{ kg},$$

die effektive Maschinenleistung $N_e = \frac{W}{75} \cdot \left(v + \sqrt{\frac{W}{160 \cdot f}}\right)$,

die Gesamtschraubenkreisfläche ergibt sich nachfolgend (S. 28) zu

$$f = 5{,}552 \text{ qm}$$

$$N_e = \frac{20880}{75} \cdot \left(11{,}33 + \sqrt{\frac{20880}{160 \cdot 5{,}552}}\right) = 4500 \text{ PS}_e.$$

---

*) Nach „Hütte" II, 20. Aufl. Seite 688—692.

Dieser Wert sei der folgenden Rechnung zugrunde gelegt als „effektive an die Schrauben abzugebende Gesamtmaschinenleistung" im Widerspruch mit der in Hütte II. S. 688 gegebenen Definition für $N_e$, die bezgl. des Wirkungsgrades $\eta$ (S. 690) mit den Angaben über $\eta$, $\eta_m$ und $\eta_s$ (S. 695) nicht übereinstimmt.

Die Fortsetzung der Rechnung zur Bestimmung der Brems- und der sogen. „indizierten" Leistung ist im Haupttext S. 4 aufgenommen und hat zum Ergebnis:

$$N_i = \frac{4500}{0{,}93 \cdot 0{,}95} = 5100 \text{ PS}_\text{i}$$

als Grundlage für die weiteren Turbinenrechnungen zwecks Bestimmung des Dampfverbrauchs.

Die französische Formel mit Koeffizienten $m = 3{,}4$ (vergl. „Hütte" II, S. 684 unter „Kanaldampfer") liefert zum Vergleich:

$$N_i = \otimes \cdot \left(\frac{v}{m}\right)^3 = 19{,}30 \cdot \left(\frac{22}{3{,}4}\right)^3 = 5225 \text{ PS}_\text{i},$$

mithin bei Annahme von $\eta_m = 0{,}86$ Wirkungsgrad der Maschine einschliesslich Wellenleitung

$$N_e = 0{,}86 \cdot 5225 \backsim 4500 \text{ PS}_\text{e}.$$

$\eta_m$ setzt sich zusammen aus den Faktoren $\eta_1$ und $\eta_2$. Wird $\eta_1 = 0{,}93$, wie für die Turbinenanlage (s. Haupttext S. 4) angenommen, so erhält man für $\eta_2 = 0{,}925$, d. h. die Bremsleistung der Maschine zu 92,5 % ihrer indizierten Leistung. Allerdings ist hierbei eine Kolbenmaschine angenommen, somit ist $\eta_2$ für diese etwas gross.

## 2. Schraubenrechnung.

Die Turbinen aller Systeme erfordern infolge der hohen Geschwindigkeit des durch sie strömenden Dampfes eine hohe Umfangsgeschwindigkeit der Laufschaufeln und daher eine mehr oder weniger hohe Umlaufzahl, falls ihre Rad- bezw. Trommeldurchmesser in den Grenzen der Ausführbarkeit bleiben sollen und deren Betrieb der an sie zu stellenden Ökonomie entsprechen soll. Ihre hohen Umlaufzahlen sind aber ungeeignet für die anzutreibenden Propeller. Dem Entwurf der Turbine muss demnach die Konstruktion der zugehörigen Schrauben vorausgehen:

Ist der Schiffskörper gegeben und die für gewisse Geschwindigkeit $v$ (in $\frac{\text{sm}}{\text{St}}$) erforderliche effektive (d. h. an die Schraube abzugebende) Maschinenleistung $N_e$ (in $\text{PS}_\text{e}$) aus der indizierten oder aus der mittels Torsionsmeter bestimmten Bremsleistung einer vorhandenen Anlage berechnet oder aus Modellschleppversuchen ermittelt worden, so folgt

$$1. \quad \eta_s \cdot 75 \cdot N_e = K \cdot u = K \cdot \frac{n \cdot H \cdot (1-s)}{60};$$

hierin bedeuten:

$\eta_s$ das Verhältnis der am Drucklager sekundlich geleisteten Arbeit $K \cdot u$ zu der an die Schraube abgegebenen Arbeitsleistung $75 \cdot N_e$,

ferner $u$ (in $\frac{\text{m}}{\text{Sek}}$) den wirklichen sekundlichen Fortschritt,

$H$ (in $m$) die Steigung,

$n$ die Umlaufzahl pro Minute,

$s$ den scheinbaren Slip (als echter Dezimalbruch);

folglich ist der Gesamtschraubenschub:

$$1\text{a} \quad K = \frac{\eta_s \cdot N_e \cdot 60 \cdot 75}{n \cdot H\,(1-s)}.$$

Aus der Gleichung:

$$n \cdot H\,(1-s) = \frac{v \cdot 1852}{60}$$

folgt:

$$1\text{b} \quad K = \frac{\eta_s \cdot N_e \cdot 60 \cdot 75 \cdot 60}{v \cdot 1852}.$$

Unter Einführung des spezifischen Schraubenschubs:

$$p = \frac{K}{z\,.\,F_p},$$

worin $F_p$ die projizierte Flügelfläche in qcm pro Schraube bezeichnet und $z$ die Schraubenzahl, folgt:

$$2\text{a} \quad p = \frac{\eta_s \cdot N_e \cdot 60 \cdot 75}{n \cdot H\,(1-s) \cdot z \cdot F_p} \quad \text{bezw.} \quad 2\text{b} \quad p = \frac{\eta_s \cdot N_e \cdot 60 \cdot 75 \cdot 60}{v \cdot z \cdot F_p \cdot 1852}.$$

Ferner sei eingeführt:

$\frac{H}{D} = q$ als Steigungsverhältnis, mithin

$H^m = q \cdot D^m = q \cdot \frac{D^{cm}}{100}$, $D$ = Schraubendurchmesser,

und $F_p = \varphi \cdot F_s = \varphi \cdot \frac{D^2 \pi}{4}$, $D$ in $cm$,

folglich

$$3\text{a} \quad p = \frac{\eta_s \cdot N_e \cdot 60 \cdot 75 \cdot 100 \cdot 4}{n \cdot q \cdot D \cdot (1-s) \cdot z \cdot \varphi D^2 \pi} \quad \text{bezw.} \quad 3\text{b} \quad p = \frac{\eta_s \cdot N_e \cdot 60 \cdot 75 \cdot 60 \cdot 4}{v \cdot z \cdot \varphi \cdot D^2 \pi \cdot 1852}$$

oder nach Zusammenziehung der Konstanten:

$$p = \frac{\eta_s \cdot N_e \cdot 573000}{n \cdot q \cdot z \cdot \varphi\,(1-s) \cdot D^3} \text{ bezw. } p = \frac{\eta_s \cdot N_e \cdot 185}{v \cdot z \cdot \varphi \cdot D^2}$$

folglich:

4a
$$D = C_1 \cdot \sqrt[3]{\frac{N_e}{z \cdot n}},\; C_1 = \sqrt[3]{\frac{\eta_s \cdot 573000}{p \cdot q \cdot \varphi (1-s)}}$$
bezw. 4b
$$D = C_2 \sqrt{\frac{N_e}{z \cdot v}},\; C_2 = \sqrt{\frac{\eta_s \cdot 185}{p \cdot \varphi}}.$$

Zur Bestimmung der Konstanten $C_1$ bezw. $C_2$ dienen folgende aus Veröffentlichungen entnommene Werte:

a) Der Slip für die mit Parsonsturbinen ausgerüsteten Schiffe der englischen Kriegs- und Handelsmarine ist bestimmt worden zu 14—28%, meistens zu 17—24%; d. h. $s \backsim 0{,}20$.

Betr. Slip für Schiffe mit Kolbenmaschinen vergl. u. a. Hütte II. (20. Auflage) S. 694.

b) Die Schraubenkreisfläche $F_s$ steht nun für verschiedene Anlagen in einem gewissen Verhältnis:

1. zum Areal (⊠ in qcm) des eingetauchten Hauptspants, z. B. für $z$ dreiflügelige Schrauben, die von Kolbenmaschinen angetrieben werden,

$$z \cdot F_s = z \cdot \frac{D^2 \pi}{4} = \frac{1}{3} \boxtimes,$$

um die Schraubenschubfläche von den Hauptquerschnittsabmessungen des Schiffs abhängig zu machen;

2. zur projizierten Gesamtflügelfläche $F_p$ bei Schrauben für

Kolbenmaschinen: $\varphi = \dfrac{F_p}{F_s} = 0{,}22—0{,}25\ (—0{,}35)$

Turbinen : $= 0{,}4—0{,}5\ (—0{,}56)$

(nach Engineering 1905 S. 758). Die letzten Werte für Turbinenschrauben sind sehr hoch und haben Interferenz der Flügel bezw. ihrer Wasserströme unter Verringerung des Wirkungsgrades zur Folge.

c) Nach der soeben angeführten Quelle (Eng'g.) soll der spezifische Schraubenschub $p$ einen gewissen Wert $p = \frac{lb}{\square''} = 0{,}0703$ kg/qcm bezogen auf die projizierte Flügelfläche, bei einer Umfangsgeschwindigkeit $C_u = 1000 \frac{ft}{\text{min}} \backsim 5{,}1 \frac{\text{m}}{\text{Sek}}$ nicht überschreiten, da sonst — wie durch Versuche mit Schrauben verschiedener Schiffstypen festgestellt wurde — Cavitation auftritt. Hiernach besteht bei deren Vermeidung die Beziehung:

$$\frac{p}{Cu} \leqq k \left( = \frac{1\ lb/\square''}{1000 ft/\text{Min.}} = \frac{0{,}0143\ \text{kg/qcm}}{1\ \text{m/Sek}} = \frac{1}{70}\frac{\text{kg/qcm}}{\text{m/Sek}} \right);$$

d. h. bei $n$-facher Umfangsgeschwindigkeit $C_u'$ darf $p'$ das $n$-fache von $p$ betragen; dies soll z. B. nach den Werten der Tabelle S. 31 für die Schrauben von „Dreadnought" und „Salem" heissen:

für Salem $p \backsim 1{,}3\ p$ für Dreadnought, mithin

„ „ $Cu \backsim 1{,}3\ Cu$ „ „ , damit

für beide Anlagen $\frac{p}{Cu} \backsim \frac{1}{68{,}5} < \frac{1}{70}$ wird.

Die Schraubenflügelspitzen sind hierbei mindestens 30 cm unter Wasserspiegel laufend angenommen. (Vergl. den Effekt einer starken Luftansaugung der nahe dem Wasserniveau mit hoher Umlaufzahl rotierenden Propeller in den Stereotypen (Modellschrauben-Schleppversuche) von Geh. Reg.-Rat O. Flamm.)

d) Nach obiger Gl. (3a) ist $p$ umgekehrt proportional dem Steigungsverhältnis $q$. Aus diesem Grunde konstruierte Parsons die Schrauben für hohe Umlaufzahl mit einem von der Nabe aus nach der Flügelspitze zu abnehmenden Verhältnisse $q = \frac{H}{D}\left(\text{bezw.} \frac{H:2\pi}{R}\right)$. Nach Versuchen an mit Parsonsturbinen ausgerüsteten Schiffen (Manxman, Ulster, Londonderry) ist der spezifische Schraubenschub $p = 9-14\ \frac{lb}{\square''}$ bezw. $0{,}633-0{,}984$ kg/qcm, doch ist $\eta_s$ am grössten bei $p \backsim 11$ „ „ $0{,}773$ „

Bei mit Kolbenmaschinen ausgerüsteten

Schnelldampfern ist $p = 8\ \frac{lb}{\square''} = 0{,}561\ \frac{\text{kg}}{\text{qcm}}$,

Kriegsschiffen „ $p = 10$ „ $= 0{,}703$ „

als durchschnittlicher Wert gefunden worden (in Übereinstimmung mit Angaben in Hütte S. 696). Der in der vorliegenden Rechnung eingeführte Wert $p = 0{,}715\ \frac{\text{kg}}{\text{qcm}}$ dürfte sich für eine von Turbinen angetriebene Schraube hoher Umlaufzahl eignen.

e) Es ist das Steigungsverhältnis bei den mit Parsonsturbinen versehenen englischen

Kanaldampfern von 18—25 kn : $q = 0{,}8-1$

Torpedobooten „ 27—36 „ : $q = 1{,}0-1{,}6$.

f) Der Wirkungsgrad für eine gute Schraubenanlage wird zu $\eta_s = 0{,}6$ bis $0{,}7$ angegeben, er dürfte jedoch für eine verhältnismässig kleine Schraube mit hoher Umlaufzahl infolge Turbinenantriebs nicht über $\eta_s = 0{,}6$ angenommen werden können.

Wirkungsgrad und Slip sind nun noch abhängig von der Lage der Schrauben zu einander und zum Schiff, was in obigen Gleichungen ($4^{a, b}$) nicht zum Ausdruck kommt: Sowohl Schraubenanordnungen, bei denen sich die Schraubenkreise überschneiden, als auch solche, bei denen mehrere Schrauben auf derselben Welle sitzen, weisen Interferenz der von ihnen beschleunigten Wasserströme auf, wodurch ihr Wirkungsgrad beeinträchtigt wird.

Man ist daher von der Anordnung mehrerer Schrauben auf derselben Welle abgekommen. Vermutlich liegt, wenigstens teilweise, dieselbe Erscheinung jener Erfahrung mit dem Cunardline-Turbinendampfer „Mauretania“ zu Grunde, welcher nach Havarie einer Schraube mit drei Schrauben besser als mit vier gelaufen haben soll.

Die Bestimmung der Schraubenform und Abmessungen kann nun unter Benutzung der oben aufgestellten Gleichungen erfolgen:

Den Durchmesser ergibt Gl. $4^a$, wenn ausser der pro Schraube zu übermittelnden effektiven Leistung $\frac{N_e}{z}$ noch die Umlaufzahl, dagegen Gl. $4^b$, wenn noch die Schiffsgeschwindigkeit gegeben ist. Nach Berechnung der Steigung $H = q \cdot D$ ist die Geschwindigkeit im ersteren bezw. die Umlaufzahl im letzteren Falle durch Gl.:

$$n \cdot H(1-s) = v \cdot \frac{1852}{60}$$

zu bestimmen.

Die Umlaufzahl kann aber auch direkt aus $\frac{N_e}{z}$ und $v$ durch eine Gleichung ausgerechnet werden, in denen alle Faktoren der Gl. $4^a$ und $4^b$ enthalten sind, und zwar durch Gleichsetzen der letzteren:

$$C_1 \cdot \sqrt[3]{\frac{N_e}{z \cdot n}} = C_2 \cdot \sqrt{\frac{N_e}{z \cdot v}},$$

Dies ergibt:

5. $$n = C_3 \cdot \sqrt{\frac{v^3}{N_e : z}}; \quad C_3 = \left(\frac{C_1}{C_2}\right)^3 = \frac{227{,}5}{q\ (1-s)} \cdot \sqrt{\frac{p\ \varphi}{\eta\ s}}.$$

Die Gl. 4a, 4b und 5 eignen sich auch zur Nachrechnung der Konstanten $C$ aus veröffentlichten Werten für $\frac{N_e}{z}$, $v$, $n$, $D$ und $H$.

In folgender Tabelle sind einige Schraubenanlagen von Turbinenschiffen nachgerechnet und deren Faktoren eingetragen worden. (Die durch Gl. 4a, 4b und 5 errechneten Werte sind unterstrichen, die übrigen aus Veröffentlichungen entnommen.)

| Schiff | $N_e$ | $z$ | $v^{kn}$ | $n$ | $D^{cm}$ | $C_1$ | $C_2$ | $C_3$ | $\varphi$ | $q$ | $\eta_s$ | $s$ | $p$ | Turb.-System | $C_u \frac{m}{Sek}$ | $p/C_u$ |
|---|---|---|---|---|---|---|---|---|---|---|---|---|---|---|---|---|
| Dreadn. | 17700 | 4 | 19,4 | 298 | 282 | 114,5 | 18,65 | 232,0 | 0,40 | 1,05 | 0,50 | 21 | 0,645 | Pars. | 44 | $\frac{1}{68}$ |
| Chester | 21400 | 8 | 26,52 | 614,3 | 186,5 | 112 | 18 20 | 232,5 | 0,60 | 1,00 | 0,67 | 25,6 | 0,600 | „ | 60 | $\frac{1}{100}$ |
| Salem | 17000 | 2 | 25,95 | 378,4 | 290 | 103 | 16,00 | 268,5 | 0,55 | 0,90 | 0,63 | 19,8 | 0,834 | Curtis | 57,5 | $\frac{1}{69}$ |
| S. 125 | 5000 | 3 | 28 | 812 | 139 | 110 | 18,15 | 223,5 | 0,45 | 0,99 | 0,60 | 18 | 0,750 | Pars. | 59 | $\frac{1}{83}$ |
| Mittelwerte aus den S. 28—29 angegebenen | | | | | | 114 | 18,55 | 232,5 | 0,45 | 0,90 | 0,60 | 20 | 0,715 | — | — | $<\frac{1}{70}$ |

Aus letzteren Mittelwerten folgt nach Gl. 4b:

z. B. $$D = 18{,}55 \cdot \sqrt{\frac{4500 : 2}{22}} = 188 \text{ cm}$$

$$H = 0{,}9 \cdot 188 \text{ cm} = 169{,}2 \text{ „}$$

$$n = 22 \cdot \frac{1852}{60 \cdot 1{,}692 \cdot 0{,}8} = 505.$$

$$F_s = 2 \cdot \frac{D^2 \pi}{4} = 2 \cdot \frac{1{,}88^2 \pi}{4} = 5{,}552 \text{ qm (s. S. 25 unten).}$$

$$C_u = 49{,}75 \frac{\text{m}}{\text{Sek}}$$

$$\frac{p}{C_u} \backsim \frac{1}{70}$$

$$F_p = \varphi \cdot F_s = 0{,}45 \cdot 5{,}552 = 2{,}5 \text{ qm.}$$

Vergl. Tabelle im Haupttext S. 7.

Zur Ermittlung der **Umlaufzahl für Rückwärtsgang** bei höchster Leistung der Rückwärtsturbinen diene folgende Überschlagsrechnung:

Wird zunächst die Leistung der Rückwärtsturbine, wie aus vielfachen Veröffentlichungen ersichtlich ist, im Vergleich zu derjenigen der Vorwärtsturbinen, d. h. $Ni_R = K \cdot Ni_V$ angegeben, so folgt unter Benutzung der „französischen Formel“ für die höchste Leistung der Maschinenanlage bei Vorwärts- und Rückwärtsfahrt die Beziehung

$$Ni_R = \frac{v_R^3}{m_R^3} \cdot \boxtimes = K \cdot Ni_V = K \cdot \frac{v_V^3}{m_V^3} \cdot \boxtimes,$$

worin der Koeffizient für die Fahrt über den Achtersteven $m_R$ kleiner ist als $m_V$, derjenige für Vorwärtsfahrt des Schiffes, infolge der ungünstigeren Form der Linien im ersteren gegenüber dem letzteren Falle. Es folgt hieraus:

Gl. 6. $$v_R = \frac{m_R}{m_V} \cdot v_V \cdot \sqrt[3]{K}.$$

Aus den Gleichungen für die Schrauben werden die Schiffsgeschwindigkeiten $v_V$ für Vorwärts- und $v_R$ für Rückwärtsfahrt ermittelt:

$$v_V = \frac{H \cdot (1 - s_V) \cdot n_V \cdot 60}{1852} \text{ und } v_R = \frac{H\ (1 - s_R) \cdot n_R \cdot 60}{1852}.$$

Der scheinbare Slip $s_R$ für Rückwärtsfahrt ist infolge des Fehlens des Vorstroms grösser als derjenige $s_R$ für Vorwärtsfahrt.

Durch Division der letzten beiden Gleichungen folgt:

$$\frac{v_R}{v_V} = \frac{(1 - s_R) \cdot n_R}{(1 - s_V) \cdot n_V},$$

mithin

Gl. 7.
$$n_R = \frac{v_R}{v_V} \cdot \frac{1 - s_V}{1 - s_R} \cdot n_V$$

oder unter Benutzung von Gleichung 6

Gl. 8.
$$n_R = \frac{m_R}{m_V} \cdot \frac{1 - s_V}{1 - s_R} \cdot n_V \cdot \sqrt[3]{K}.$$

Nimmt man z. B. nun folgende Werte an:

$K = 0{,}30$
$m_R = 0{,}9 \cdot m_V$
$s_R = 0{,}35$ gegenüber $s_V = 0{,}20$

so folgt:

$$n_R = 0{,}9 \cdot \frac{0{,}80}{0{,}65} \cdot \sqrt[3]{0{,}30} \cdot n_V = 0{,}744 \cdot n_V,$$

für $n_V = 505$ ist dann $n_R = 376$.

Es ist für die Rückwärtsturbinen eine Umlaufzahl $n = 380$ in folgendem zugrunde gelegt worden entsprechend einer Rückwärtsfahrt von 13,5 kn.

## 3. Berechnung der Turbinen.

Die Berechnungen sind nach dem von Dr. Ing. W. Deinlein in seiner Veröffentlichung „Zur Dampfturbinentheorie“ entwickelten Verfahren unter Verwendung der „Tafel der Wärmeinhalte für Wasserdampf“ von Prof. Mollier durchgeführt worden, da dieses vor anderen Methoden den Vorzug grösserer Einfachheit besitzt. Es wurden somit auch dessen mit den gebräuchlichen übereinstimmenden Bezeichnungen angenommen.*)

*) Die im folgenden benützten, von Deinlein entwickelten Gleichungen sind mit entspr. Hinweis — z. B. Dln. S. 75 — gekennzeichnet.

Gegeben ist für alle folgenden Rechnungen:

1. die S. 4 u. 26 ermittelte „indizierte“ Leistung $N_i = 5100$ PSi,
2. Kesselspannung $p_K = 15{,}5$ Atm., Sätt.-Grad $x = 100$, Temp. $t_K \backsim 202^\circ$ C, somit ist infolge Strahlungs- und Leitungsverlust der Überdruck vor dem Drosselventil $p \backsim 15$ Atm., $x \backsim 0{,}995$, $t \backsim 198^\circ$, und die Turbinen-Eintritts-Spannung $p_e = 11{,}5$ Atm. abs., Überhitz. $= 10^\circ$, Temp. $t_e = 195^\circ$ C, spez. Vol. $v_e = 0{,}18 \frac{\text{cbm}}{\text{kg}}$,
3. Turbinen-Austritts-Spannung $p_a = 0{,}06$ Atm. abs.

Als durchschnittliche „indizierte“ Leistung der Rückwärtsturbinen wurde auf S 31.

$$N_{iR} = 0{,}30\ N_{iV} = 0{,}30 \cdot 5100 = 1530 \text{ PS}_i$$

angenommen; ferner werde hier die für die Vorwärtsturbinen angenommene Eintrittsspannung $p_e = 11{,}5$ Atm. abs. bei $t_e = 195^\circ$, $v = 0{,}18$ cbm/kg, jedoch eine Austrittsspannung von $p_a = 0{,}5$ Atm. abs. (s. Haupttext S. 8) vorgesehen.

## I. Zoelly-Turbine.

A. Angenommen sei für alle Stufen dasselbe Geschwindigkeitsdiagramm (als Dreieck), d. h. für jedes Leit- und Laufschaufelpaar gelten dieselben Winkel und Geschwindigkeiten. Der Austrittswinkel für den Dampfstrahl aus dem Leitkanal sei $\alpha_1 = 18^\circ$.

Infolge Stoss, Reibung und Wirbelung des Dampfes an den Kanalwänden sei in den Leiträdern ein Geschwindigkeitsverlust von 10 % und in den Laufrädern von 20 % vorhanden; die entsprechenden Verlustkoeffizienten (vergl. Dln. S. 13, 15 und 16) sind

für das Leitrad $\varphi = 0{,}20$,
„ „ Laufrad $\psi = 0{,}80$,

Berücksichtigung der Reibungswärme durch $\mu = 1{,}05$.

Eine möglichst geringe Austrittsgeschwindigkeit $c_2$ und dementsprechender Austrittsverlust bedingt:

$$\alpha_2 = 90^\circ.$$

Für die Druckturbine besteht die Gleichung:

1. $$c_1^2 = \frac{2g \cdot (1-\varphi) \cdot \mu}{A \cdot s} \cdot Q + \frac{s-1}{s} c_2^2 \qquad \text{(Dln. S. 75 und folg.)}$$

oder

1a. $$c_1^2 = A + B \cdot c_2^2\ ;\ A = \frac{19{,}6 \cdot (1-0{,}2) \cdot 1{,}05}{(1 : 427) \cdot s} \cdot 184 = \frac{1296000}{s}.$$

Das Verhältnis der Achsialkomponenten von $c_1$ und $c_2$ lautet:

$$\frac{c_1 \sin \alpha_1}{c_2 \sin \alpha_2} = \frac{ca_1}{ca_2};$$

für $c_{2_{\min}} = c_2 \cdot \sin \alpha_2$ folgt:

$$2. \quad c_1 \sin \alpha_1 = c_{2_{\min}} \cdot \frac{ca_1}{ca_2},$$

mithin

$$3. \quad c_{2_{\min}} = \sqrt{\frac{A}{\left[\left(\frac{ca_1}{ca_2}\right) \cdot \frac{1}{\sin \alpha_1}\right]^2 - B}}.$$

Wird noch zur Vereinfachung angenommen $ca_1 = ca_2$, so folgt:

$$3a. \quad c_{2_{\min}} = \sqrt{\frac{A}{\left(\frac{1}{\sin \alpha_1}\right)^2 - B}}.$$

In der vorliegenden Rechnung wurde zunächst versucht, mit 16 Druckstufen genügende Ergebnisse zu erzielen, nach einem Misserfolge jedoch die Stufenzahl auf 32 verdoppelt. Zum Vergleiche sind jedoch beide Rechnungen nebeneinander gestellt:

Für $s = 16$ (Druckstufen) $s = 32$ folgt:

$A = 81000$ bezw. $A = 40500$

$B = \frac{16-1}{16} = 0{,}94$ „ $B = \frac{32-1}{32} = 0{,}968$

Gl. 3a.

$$c_{2_{\min}} = \sqrt{\frac{81000}{\left(\frac{1}{0{,}309}\right)^2 - 0{,}94}} = 92{,}4 \frac{\mathrm{m}}{\mathrm{Sek}} \;\text{„}\; c_{2_{\min}} = \sqrt{\frac{40500}{\left(\frac{1}{0{,}309}\right)^2 - 0{,}968}} = 65{,}4 \frac{\mathrm{m}}{\mathrm{Sek}}$$

Gl. 1a. $c_1 = \sqrt{81000 + 0{,}94 \cdot (92{,}4)^2}$ bezw. $c_1 = \sqrt{40500 + 0{,}968 \cdot (65{,}4)^2}$

$c_1 = 298 \frac{\mathrm{m}}{\mathrm{Sek}}$ „ $c_1 = 211{,}5 \frac{\mathrm{m}}{\mathrm{Sek}}$.

Die Konstruktion des Geschw.-Diagramms erfolgt unter Einhaltung von $\frac{w_2}{w_1} \backsim 0{,}8$ • (s. Beilage I Fig. 1.)

Die „indizierte“ Leistung folgt zu:

$$4. \quad AL_i = \frac{A}{2g} \cdot \left[(c_1^2 - c_2^2) - (w_1^2 - w_2^2)\right] \cdot s \text{ in cal.}$$

für $s = 16$ bezw. $s = 32$

$$AL_i = \frac{1}{427 \cdot 19{,}62} \cdot \left[(298^2-92{,}4^2) - (188^2-150{,}5^2)\right] \cdot 16$$

bezw. $$AL_i = \frac{1}{427 \cdot 19{,}62} \cdot \left[(211{,}5^2-65{,}4^2) - (134^2-107{,}3^2)\right] \cdot 32$$

$$AL_i = 129 \text{ cal} \quad \text{bezw.} \quad AL_i = 129{,}6 \text{ cal}$$

$$\eta_i = \frac{AL_i}{Q} = \frac{129}{184} = 0{,}700 \text{ bezw. } \eta_i = \frac{129{,}6}{184} = 0{,}705.$$

Die Berechnung der Wärmegefälle und ihrer Verluste pro Druckstufe ergibt:

für $s = 16$ bezw. $s = 32$

1. Leitrad $q_1 = \frac{A}{2g} \cdot \frac{c_1^2}{1-\varphi} = \frac{89000}{8380 \cdot 0{,}8} = 13{,}3$ cal bezw. $q_1 = \frac{44635}{8380 \cdot 0{,}8} = 6{,}7$ cal

2. bis letztes $q_n = \frac{A}{2g} \cdot \frac{c_1^2 - c_2^2}{1-\varphi} = \frac{80480}{8380 \cdot 0{,}8} = 12{,}0$ cal „ $q_n = \frac{40365}{8380 \cdot 0{,}8} = 6{,}0$ cal

Verluste i. den Leiträdern: $\varphi q_1 = 0{,}2 \cdot 13{,}3 = 2{,}66$ cal „ $\varphi q_1 = 0{,}2 \cdot 6{,}7 = 1{,}34$ cal

$\varphi q_n = 0{,}2 \cdot 12 = 2{,}40$ cal „ $\varphi q_n = 0{,}2 \cdot 6{,}0 = 1{,}20$ cal

Verluste i. den Laufrädern: $\frac{A}{2g} \cdot (w_1^2 - w_2^2) = \frac{13000}{8380} = 1{,}55$ cal bezw. $= \frac{6350}{8380} = 0{,}76$ cal

$\frac{A}{2g} \cdot c_2^2 = \frac{8520}{8380} = 1{,}02$ cal „ $= \frac{4270}{8380} = 0{,}51$ cal.

Die Werte für $s = 32$ sind fast genau halb so gross wie diejenigen für $s = 16$, daher sind nur letztere in das Mollier-Diagramm eingezeichnet (s. Beilage I Fig. 2). Diese Zeichnung führt zum Enddruck $p'_a = 0{,}073$ Atm. abs. bei einem Gesamtgefälle von $Q' = 180$ cal, somit wäre Koeffizient $\mu$ zu verbessern in $\mu'$ (Dln. S 22):

5. $(1-\varphi)\,\mu\, Q + f = (1-\varphi)\,\mu' \cdot Q$, Fehler $f = 4$ cal,

5a. $$\mu' = \frac{(1-\varphi)\,\mu \cdot Q + f}{(1-\varphi) \cdot Q} = \frac{0{,}8 \cdot 1{,}05 \cdot 184 + 4}{0{,}8 \cdot 184} = 1{,}08.$$

Die Wiederholung obiger Rechnung mit $\mu' = 1{,}08$ anstatt mit 1,05 würde zur vorgeschriebenen Austrittsspannung $p_a = 0{,}06$ und $Q = 184$ führen, ist aber wegen der geringen Differenz unterlassen worden.

Unter Verwendung der im Diagramm erhaltenen Werte folgt:

6. der Dampfverbrauch $D_i = \frac{632{,}3}{A\,L_i} = \frac{632{,}3}{127} = 4{,}975 \frac{\text{kg}}{\text{PS}_i, \text{St.}}$

der stündliche Gesamtverbrauch $D = D_i \cdot N_i = 4{,}975 \cdot 5100 = 25373 \frac{\text{kg}}{\text{St.}}$

der sekundliche Gesamtverbrauch $G = 7{,}05\ \frac{\text{kg}}{\text{Sek}}$

bei $z = 3$ Turbinen Gesamtverbrauch $G_1 = 2{,}35$ „

bei $z = 2$ Turbinen Gesamtverbrauch $G_2 = 3{,}52$ „ .

Unter der vereinfachenden Annahme, dass das spezifische Dampfvolumen $v$ vor und hinter dem Laufrad dasselbe sei, folgt für Beaufschlagungsziffer $\varepsilon$ der „achsiale Reinquerschnitt" eines Kranzes vom Durchmesser $D$:

$$7.\qquad F = \varepsilon \cdot D\pi l = G \cdot \frac{v}{c_1 \cdot \sin \alpha_1};$$

für obige Annahme und Konstruktion $c_1 \sin \alpha = c_2$:

$$7\,\text{a}.\qquad \varepsilon D\pi l = G \cdot \frac{v}{c_2};$$

hieraus unter Berücksichtigung von 8% Verringerung des Querschnitts*) durch die Dicke der Schaufel deren Länge und zwar an ihrem Austrittsende:

$$7\,\text{b}.\qquad l_a = G \cdot \frac{v \cdot 1{,}08}{c_2 \cdot \varepsilon D\pi} \cdot 1000 \text{ in mm.}$$

Berechnung der Länge $l_{a1}$ des 1. Leitrades am Austrittsende:

1. für die 16-stufige Turbine mit $\varepsilon = 0{,}06 \left\{ \begin{array}{l} v_1 = 0{,}22 \\ u = 120 \\ c_2 = 92{,}4 \end{array} \right.$

a) $\left. \begin{array}{l} z = 3 \\ n = 530 \\ G = 2{,}35 \end{array} \right\} D = 4{,}33 \text{ m};\ l_{a1} = 2{,}35 \cdot \frac{0{,}22 \cdot 1{,}08 \cdot 1000}{92{,}4 \cdot 0{,}06 \cdot 4{,}33 \cdot \pi} \infty 7{,}4 \text{ mm.}$

b) $\left. \begin{array}{l} z = 2 \\ n = 434 \\ G = 3{,}52 \end{array} \right\} D = 5{,}28 \text{ m};\ l_{a1} = 3{,}52 \cdot \frac{0{,}22 \cdot 1{,}08 \cdot 1000}{92{,}4 \cdot 0{,}06 \cdot 5{,}28 \cdot \pi} = 9{,}3 \text{ mm.}$

2. für die 32-stufige Turbine mit $\varepsilon = 0{,}04 \left\{ \begin{array}{l} v_1 = 0{,}20 \\ u = 84 \\ c_2 = 65{,}4 \end{array} \right.$

a) $\left. \begin{array}{l} z = 3 \\ n = 617 \\ G = 2{,}35 \end{array} \right\} D = 2{,}60 \text{ m};\ l_{a1} = 2{,}35 \cdot \frac{0{,}20 \cdot 1{,}08 \cdot 1000}{65{,}4 \cdot 0{,}04 \cdot 2{,}60 \cdot \pi} = 23{,}6 \text{ mm.}$

*) Vergl. S. 75.

b) $\left.\begin{aligned} z &= 2 \\ n &= 505 \\ G &= 3{,}52 \end{aligned}\right\} D = 3{,}18 \text{ m}; \; l_{a1} = 3{,}52 \cdot \frac{0{,}20 \,.\, 1{,}08 \cdot 1000}{65{,}4 \cdot 0{,}04 \,.\, 3{,}18 \cdot \pi} = 29{,}2 \text{ mm.}$

7c. $$l_{a1} = 5{,}82 \cdot \frac{v}{\varepsilon}.$$

Der Vergleich dieser Werte für $l$ zeigt, dass brauchbare Schaufellängen ausser durch Vergrösserung des spezifischen Volumens mittels Überhitzung des Kesseldampfes oder stärkerer Drosselung an der Turbine noch durch Erhöhung der Umlaufs- und Stufenzahl sowie durch Verringerung der Beaufschlagung erreicht werden können. Von einer Überhitzungsanlage sollte in vorliegender Aufgabe zunächst abgesehen werden, ebenfalls von einer stärkeren Drosselung als der für alle folgenden Rechnungen gemeinsam zugrunde gelegten wegen des hiermit verbundenen Verlustes an Wärmegefälle. (Siehe Schluss S. 73—75.)

Es ist im folgenden eine Anlage von nur 2 Wellen durchgeführt worden, die je von einer 32-stufigen Turbine mit $n = 505$ und der allerdings geringen Anfangsbeaufschlagung von 4 % angetrieben werden, während am Ende volle Beaufschlagung (100 %) herrscht. Die Länge der 32ten Schaufel am Austrittsende ist:

nach Gl. 7c: $$l_{a32} = 5{,}82 \cdot \frac{17{,}0}{1{,}0} = 99 \text{ mm.}$$

Angenommen ist eine gleichmässige Zunahme der Längen von Stufe zu Stufe um je 2,3—2,4 mm. Hieraus ergibt sich die zugehörige Beaufschlagungsziffer:

7d. $$\varepsilon_x = 5{,}82 \, \frac{v_x}{l_x}.$$

Die Länge $l_e$ am Eintritt der Leitschaufel liefert die Gleichungen

$$D \pi l_{e2} \, \varepsilon = G \cdot \frac{v_1}{c_{a2}} \quad \text{und} \quad D \pi \, l_{a2} \, \varepsilon = G \cdot \frac{v_2}{c_{a1}},$$

worin $v_1$ und $v_2$ die spezifischen Volumina hinter dem 1. bezw. 2. Leitrade bedeuten; für $c_{a2} = c_{a1}$ folgt somit:

8. $$l_{e2} = l_{a2} \cdot \frac{v_1}{v_2}, \text{ z. B. } l_{e2} = 31{,}7 \cdot \frac{0{,}20}{0{,}22} = 28{,}8 \text{ mm.}$$

In der beifolgenden Tabelle I sind die dem Mollier-Diagramm und der Entropietafel entnommenen Spannungen $p$, Temperaturen $t$ bezw. Sättigungsgrade $x$ und spezifischen Volumina $v$ sowie die berechneten Schaufellängen $l$ und Beaufschlagungsziffern $\varepsilon$ unter „A" eingetragen:

## Tabelle I.

| | | | | A | | | B | | B1 | B2 | | C | | R | | | | |
|---|---|---|---|---|---|---|---|---|---|---|---|---|---|---|---|---|---|---|
| Leitrad | $p_a$ | $x$ | $v \frac{\text{cbm}}{\text{kg}}$ | $l_a$ | $l_e$ | $\varepsilon$ % | $\frac{v_n}{v_{n+1}}$ | | $l, \varepsilon$ | $l' =$ | $\varepsilon'$ % | $\varepsilon$ % | $l$ | $p_a$ | $t_a$ | $v_a$ | $\varepsilon$ % | $l_a$ |
| 1 | 10,0 | $t = 180^0$ | 0,20 | 29,2 | ∞ | 4 | 9,1 | | Konst. Schaufellängen vom Eintritts- zum Austrittsende $= l_a$ unter A. Für $\varepsilon$ gelten dieselben Werte wie unter A. | 29,2 | 4,0 | | 23,3 | 7,2 | 0,986 | 0,26 | 0,040 | 13 |
| 2 | 8,8 | 0,995 | 0,22 | 31,7 | 28,8 | 4,05 | 8,8 | | | $= l_{a_1}$ | 4,5 | | 26,7 | 5,0 | 0,984 | 0,37 | 0,052 | 14 |
| 3 | | | 0,25 | 34 | 30 | | 8,9 | | | | 5,0 | | 30,6 | 3,5 | 0,982 | 0,52 | 0,069 | 15 |
| 4 | 6,5 | 0,986 | 0,28 | 36,4 | 33,3 | 4,5 | 8,9 | | | I. | 6,0 | I. | 35,0 | 2,35 | 0,980 | 0,78 | 0,097 | 16 |
| 5 | | | 0,32 | 38,7 | 34,4 | | 8,7 | | | | 6,5 | 5 | 40,0 | 1,51 | 0,977 | 1,1 | 0,128 | 17 |
| 6 | 5,00 | 0,977 | 0,37 | 41 | 35,4 | 5,3 | 8,8 | | | | 7,5 | | 45,8 | 1,03 | 0,974 | 1,6 | 0,176 | 18 |
| 7 | | | 0,42 | 43,4 | 38,3 | | 9,0 | | | | 8,4 | | 52,5 | 0,67 | 0,972 | 2,5 | 0,260 | 19 |
| 8 | 3,85 | 0,969 | 0,467 | 45,7 | 41,1 | 6,0 | 8,8 | I | | | 9.5 | | 60,1 | 0,43 | 0,969 | 3.8 | 0,378 | 20 |
| 9 | | | 0,533 | 48 | 42 | | 8,9 | 0,873 | | 64,1 | 5,0 | | 31,0 | | | | | |
| 10 | 2,90 | 0,960 | 0,600 | 50,3 | 44,7 | 7,0 | 8,6 | | | $= l_{a_{16}}$ | 5,5 | | 35,4 | | | | | |
| 11 | | | 0.700 | 52,6 | 45,2 | | 8,6 | | | | 6,5 | | 40,5 | | | | | |
| 12 | 2,14 | 0,950 | 0,800 | 54,9 | 48,1 | 8,5 | 8,6 | | | | 7,5 | II. | 46,4 | | | | | |
| 13 | | | 0,950 | 57,2 | 51,1 | | 8,6 | | | II. | 8,5 | 10 | 53,0 | | | | | |
| 14 | 1,55 | 0,940 | 1,100 | 59,5 | 51,4 | 10,8 | 8,0 | | | | 10,0 | | 60,6 | | | | | |
| 15 | | | 1,275 | 61,8 | 53 | | 8,8 | | | | 11,5 | | 69,4 | | | | | |
| 16 | 1,15 | 0,930 | 1.450 | 64,1 | 56,5 | 13,2 | 8,8 | | | | 13,0 | | 79,5 | | | | | |
| 17 | | | 1,65 | 66,4 | 58,4 | | usw. | | | 87,3 | 11,0 | | 38,5 | | | | | |
| 18 | 0,85 | 0,921 | 1,85 | 68,7 | 61,4 | 15,7 | | | | $= l_{a_{26}}$ | 12,5 | | 44,9 | | | | | |
| 19 | | | 2,18 | 71 | 62,2 | | | | | | 14,5 | | 52,1 | | | | | |
| 20 | 0,60 | 0,913 | 2,50 | 73,3 | 64 | 18,8 | | | | | 16,5 | | 60,6 | | | | | |
| 21 | | | | 75,7 | usw. | | | II | | | — | III. | 70,6 | | | | | |
| 22 | 0,43 | 0,904 | 3,60 | 78 | | 26,9 | | 0,859 | | III. | 24,0 | 25 | 82,2 | | | | | |
| 23 | | | | 80,3 | | | | | | | — | | 95,7 | | | | | |
| 24 | 0,31 | 0,895 | 4,70 | 82,7 | | 33,1 | | | | | 31,5 | | 112,5 | | | | | |
| 25 | | | | 85 | | | | | | | — | | 131,0 | | | | | |
| 26 | 0,225 | 0,887 | 6,30 | 87,3 | | 42,0 | | | | | 42,0 | | 152,0 | | | | | |
| 27 | | | 7,30 | 89,7 | | | | | | 101 | 42,0 | | 71,0 | | | | | |
| 28 | 0,160 | 0,879 | 8,50 | 92 | | 53,7 | | | | $= l_{a_{32}}$ | 49,0 | IV. | 84,0 | | | | | |
| 29 | | | | 94,3 | | | | III | | | — | 60 | 99,5 | | | | | |
| 30 | 0,108 | 0,871 | 12,0 | 96,6 | | 72,5 | | 0,845 | | IV. | 69,0 | | 117,5 | | | | | |
| 31 | | | 14,0 | 98,9 | | | | | | | — | V. | 81,6 | | | | | |
| 32 | 0,073 | 0,863 | 17,0 | 101*) | | 100 | | | | | 100,0 | 100 | 97,0 | | | | | |

*) Erhalten durch stufenweise Verlängerung von $l_{a_1}$ an um je 2,3—2,4 mm.

B. Infolge der Rechnungsergebnisse von A ist hier nur die 32-stufige Turbine mit $n = 505$ gerechnet. Die Bedingung für konstante Länge der Leitschaufel lautet:

$$9. \quad \frac{v_n}{v_{n+1}} = \frac{c_{a_2}}{c_{a_1}}, \quad \text{(Dln. S. 24)},$$

denn die hieraus abzuleitende Gleichung:

$$9a. \quad \frac{G \cdot v_n}{c_{a_2}} = \frac{G \cdot v_{n+1}}{c_{a_1}} \quad \text{oder} \quad 9b. \quad \frac{v_n \frac{\text{cbm}}{\text{Sek}}}{c_{a_2} \frac{\text{m}}{\text{Sek}}} = \frac{v_{n+1} \frac{\text{cbm}}{\text{Sek}}}{c_{a_1} \frac{\text{m}}{\text{Sek}}}$$

besagt, dass die achsialen Reinquerschnitte am Ein- und Austritt der $(n + 1)$ ten Leitschaufel einander gleich sind.

Da das Mollier-Diagramm von A vorliegt, kann dieses hier zugrunde gelegt werden.

Die Verhältnisse von je 2 aufeinander folgenden Volumina $\frac{v_n}{v_{n+1}}$ sind obiger Tabelle unter B hinzugefügt. Zur Vereinfachung — ohne praktisch einen merklichen Fehler in der Dimensionierung der Schaufeln zu begehen — sind 3 Gruppen mit je einem mittleren Quotienten gebildet worden (s. Tabelle I).

Aus Rechnung A werde hierfür entnommen:

$$c_2 = 65{,}4 = c a_2 \text{ und } u = 84,$$

mithin wird jetzt:

$$c a_1^{\mathrm{I}} = \frac{65{,}4}{0{,}873} = 74{,}9; \; c a_1^{\mathrm{II}} = \frac{65{,}4}{0{,}859} = 76{,}1; \; c a_1^{\mathrm{III}} = \frac{65{,}4}{0{,}845} = 77{,}4.$$

$c_1$ ergibt sich aus Gl. 1 und 1a (s. S. 33) für Gruppe I:

$$c_1 = A + B \cdot c_2^2.$$

Das Einzelgefälle pro Stufe ist $\frac{180}{32} = 5{,}625$ cal, mithin

$$A = \frac{19{,}6\ (1-0{,}20) \cdot 1{,}05}{1:427} \cdot 5{,}625 = 39600;$$

$$B_{\mathrm{I}} = \frac{16-1}{16} = 0{,}94; \; B_{\mathrm{II}} = \frac{10-1}{10} = 0{,}90; \; B_{\mathrm{III}} = \frac{6-1}{6} = 0{,}834.$$

(I.) $$c_1 = \sqrt{39600 + 0{,}94 \cdot 4270} = 209 \tfrac{\mathrm{m}}{\mathrm{Sek}}\cdot$$

Mit $c_1$ und $c a_1$ liegt aber $\sphericalangle\ \alpha_1$ fest und zwar im Mittel zu $\alpha_1 = 23^0$.

Für Gruppe II und III komme noch die Ausnutzung des Austrittsverlustes des 16ten bezw. 26ten Laufrades $\frac{A}{2g}\ c_2^2$ in cal bezw. $c_2^2 = 4270$, d. h. hiervon der 10te Teil pro Stufe hinzu:

(II.) $$c_1 = \sqrt{39600 + 0{,}90 \cdot 4270 + 427} = 209{,}5 \tfrac{\mathrm{m}}{\mathrm{Sek}}$$

(III.) $$c_1 = \sqrt{39600 + 0{,}834 \cdot 4270 + 427} = 208{,}5 \tfrac{\mathrm{m}}{\mathrm{Sek}},$$

mithin $c_1 \backsim 209 \frac{\mathrm{m}}{\mathrm{Sek}}$ für alle 32 Stufen.

Die Konstruktion der Geschwindigkeits-Diagramme (s. Beilage Fig. 3) ergibt

$$w_1 \backsim 133, \; w_2 = 106{,}5 = 0{,}8 \cdot w_1.$$

Die Einzelgefälle und Verluste $q_1 = 6{,}52$; $q_n = 5{,}89$; $\varphi\, q_1 = 1{,}3$; $\varphi\, q_n = 1{,}2$; $\frac{A}{2g}(w_1^2 - w_2^2) = 0{,}76$; $\frac{A}{2g}\ c_2^2 = 0{,}51$ sind sehr wenig verschieden von denjenigen S. 35 (A), so dass das Mollier-Diagramm Fig. 2 auch dieser Rechnung zugrunde gelegt werden kann, ferner gilt auch hierfür die für „A“ Seite 36 und 37 durchgeführte Rechnung.

$B_1$. Für die ersten 16 Stufen mit $\frac{vn}{vn+1} = 0{,}873$ würde aus Gl. 7c z. B. folgen:

$$l = 5{,}82 \cdot \frac{v}{\varepsilon}$$

$$l_8 = 5{,}82 \cdot \frac{0{,}22}{4{,}05} = 31{,}7 \text{ mm}$$

für Ein- und Austrittsende einer Leitschaufel gemäss Fig. 25 (Beilage VI).

$B_2$. Aus der Gl. 7d kann anstatt $l$ der Wert $\varepsilon$ für eine **konstante Schaufellänge innerhalb einer Gruppe** berechnet worden, nämlich:

$$\varepsilon = \frac{5{,}82}{l} \cdot v; \text{ z. B.:}$$

$$\varepsilon = \frac{5{,}82}{29{,}2} \cdot v \text{ für Gr. I.}$$

$$= \frac{5{,}82}{64{,}1} \cdot v \quad \text{,, ,, II.}$$

$$= \frac{5{,}82}{87{,}3} \cdot v \quad \text{,, ,, III.}$$

$$= \frac{5{,}82}{101} \cdot v \quad \text{,, ,, IV.}$$

(s. **Tabelle I** $B_2$: $l^1$ u. $\varepsilon^1$ und Fig. 26 auf Beilage VI.)

Diese Turbine könnte demnach mit zylindrisch begrenzten Schaufelköpfen sowie mit demselben Schaufelprofil bis zu derjenigen Schaufellänge versehen werden, die aus Festigkeitsrücksichten eine grössere Schaufelbreite erfordert.

C. Die in A und B berechnete 32-stufige Turbine soll noch der 3. Bedingung konstanter Beaufschlagung innerhalb von mehreren Gruppen genügen und zwar sei

| | $\varepsilon_{I} = 0{,}05$ | $\varepsilon_{II} = 0{,}10$ | $\varepsilon_{III} = 0{,}25$ | $\varepsilon_{IV} = 0{,}60$ | $\varepsilon_{V} = 1{,}00$ |
|---|---|---|---|---|---|
| für Stufe | 1—8 | 9—16 | 17—26 | 27—30 | 31—32. |

Hierdurch ändern sich die Schaufellängen:

Nach Gl. für $l$ in A, Fall 2b, (s. S. 37):

$$l_1 = 5{,}82 \cdot \frac{v_1}{\varepsilon} = 5{,}82 \cdot \frac{0{,}20}{0{,}05} = 23{,}3 \text{ mm}, \; l_{17} = 5{,}82 \cdot \frac{1{,}65}{0{,}25} = 38{,}5 \text{ mm.}$$

Nach Gl. 9 (s. S. 38) ist:

$$\frac{v_1}{v_2} = \frac{ca_2}{ca_1},$$

Ausserdem gilt für konstante Beaufschlagung: (Dln. S. 35) die Gleichung:

$$(10.) \quad \frac{l_1}{l_2} = \frac{ca_2}{ca_1} \text{ oder } l_2 = l_1 \cdot \frac{ca_1}{ca_2} = 23{,}3 \cdot \frac{74{,}9}{65{,}4} = 26{,}7 \text{ mm}$$

bezw. $$l_{18} = 38{,}5 \cdot \frac{76{,}1}{65{,}4} = 44{,}9 \text{ mm}$$

u. s. w.

(Betr. $c_{a_1}$ und $c_{a_2}$ s. Fig. 3.)

Diese Werte sind obiger Tabelle I (S. 38) ebenfalls hinzugefügt unter C und sind den folgenden Rechnungen und Skizzen zugrunde gelegt:

Während die Zoelly-Turbinen aus Stahlblech gebogene Leitschaufeln tragen, ist hier einmal versuchsweise das Schaufelprofil für die Laufräder so gewählt worden, dass es zugleich durch Verdrehung für die zugehörigen Leiträder benutzt werden kann, wie in Figur 4 der Beilage VI durchgeführt ist. Dies ergibt bei Annahme einer Breite von $b_1 = 20$ mm und Teilung $t_1 = 12$ mm für Laufschaufeln bis $l = < 100$ mm Länge, $b_2 = 25$ mm, $t_2 = 15$ mm für $l \cdot > 100$ mm nur 2 Profile „$P_1$“ und „$P_2$“.

Die Schaufelanzahl pro Kranz ist unter Benutzung von

a) Profil „$P_1$“ . $z_1 = \frac{D \cdot \pi}{t_1} = \frac{3180 \cdot \pi}{12} = 835$

b) Profil „$P_2$“ . $z_2 = \frac{D \cdot \pi}{t_2} = \frac{3180 \cdot \pi}{15} = 666.$

Die Summe aus dem Bruchteil des für die Beschaufelung benötigten Umfangs des Leitrades (Beaufschlagungsziffer z. B. = 0,05) und des Laufrades (= 1) ist mit der Stufenzahl der Gruppe (z. B. 8) zu multiplizieren.

Die Summe dieser Produkte ist für

a) Profil „$P_1$“ . $8 \cdot 1{,}05 + 8 \cdot 1{,}10 + 6 \cdot 1{,}25 + 4 \cdot 1{,}60 = 31{,}10$,
b) Profil „$P_2$“ . . . . . . . . . . . $4 \cdot 1{,}25 + 2 \cdot 2{,}00 = 9{,}00$,

mithin die Schaufelzahl für

a) Profil „$P_1$“ $= 31{,}10 \cdot 835 \backsim 25970$
b) Profil „$P_2$“ $= 9{,}00 \cdot 666 \backsim 6000$
d. h. für die Vorwärtsturbine 31970 Schaufeln.

## Rückwärtsturbine.

Die oben (S. 32) auf $n_R = 380$ festgesetzte Umlaufzahl und der Vorwärtsturbine entnommene Schaufelkranzdurchmesser (s. S. 37) bestimmen die Schaufelgeschwindigkeit der Rückwärtsturbine zu $63{,}1 \frac{\text{m}}{\text{Sek}}$.

Aus der Forderung gleichen stündlichen (oder sekundlichen) Dampfverbrauchs für Vor- und Rückwärtsfahrt folgt:

$$D = D_{iR} \cdot N_{iR} = D_{iV} \cdot N_{iV},$$

aus den Gleichungen

$$D_i = \frac{632{,}3}{A\ L_i} \text{ und } N_{iR} = K \cdot N_{iV} \text{ (s. S. 31)}$$

folgt somit:

$$\frac{632{,}3}{A\ L_{iR}} \cdot K \cdot N_{iV} = \frac{632{,}3}{A\ L_{iV}} \cdot N_{iV}$$

$$A\ L_{iR} = K \cdot A\ L_{iV}$$

oder $$\eta_i \cdot Q_R = K \cdot \eta_{iV} \cdot Q_V,$$

unter Voraussetzung gleichen verfügbaren Wärmegefälles für Vor- und Rückwärtsleistung wäre

$$\eta_{iR} = K \cdot \eta_{iV}.$$

Für die bereits (S. 33) festgesetzten Ein- und Austrittsspannungen ist $Q_R = 124$ cal; somit

$$\eta_{iR} = \frac{A\ L_{iR}}{Q_R} = \frac{K \cdot A\ L_{iV}}{Q_R} = \frac{0{,}3 \cdot 127{,}5}{124} = 0{,}307$$

$$A\ L_{iR} = 38{,}25 \text{ cal.}$$

Wiederholte auf verschiedenen Annahmen beruhende Rechnungen, die den letzten Leistungsbetrag liefern sollten, zwingen zu folgenden Annahmen:

$$\alpha_1 = 30^{\circ},\ \varphi = 0{,}20,\ \mu = 1{,}1,\ s = 8.$$

Die Rechnung erfolgt analog derjenigen im Abschnitt I A (s. S. 34):

$$c_{2\,\min} = \sqrt{\frac{A}{\left(\frac{1}{\sin\alpha_1}\right)^2 - B}},\quad A = \frac{\frac{19{,}6 \cdot (1 - 0{,}2) \cdot 1{,}1}{\frac{1}{427}}}{8} \cdot 124 = 114500$$

$$= \sqrt{36650} = 191{,}5\ \frac{\text{m}}{\text{Sek}},\quad B = \frac{8-1}{8} = 0{,}876;\ \sin\alpha_1 = 0{,}5$$

$$c_1 = \sqrt{A + B \cdot c_2^2} = \sqrt{146650} = 383\ \frac{\text{m}}{\text{Sek}}.$$

Die Konstruktion des Geschwindigkeitsdiagramms (s. Beilage I Fig. 3 a) liefert:

$$w_1 = 331,\ w_2 = 202$$

mithin $$\psi = \frac{w_2}{w_1} = 0{,}61.$$

(Vergl. A. Stodola „Die Dampfturbinen“ III. Aufl. S. 79.)

$$A\ L_i = \frac{1}{427 \cdot 19{,}6}\left[(383^2 - 191{,}5^2) - (331^2 - 202^2)\right] \cdot 8 = 39{,}3 \text{ cal.}$$

Berechnung der Einzelgefälle und Verluste (vgl. S. 35):

1. Leitrad $$q_1 = \frac{146650}{8380 \cdot 0{,}8} = 21{,}85 \text{ cal}$$

2.—8. Leitrad $$q_n = \frac{110000}{8380 \cdot 0{,}8} = 16{,}40 \text{ cal}$$

$$\varphi q_1 = 0{,}2 \cdot 21{,}85 = 4{,}37 \text{ cal}$$

$$\varphi q_n = 0{,}2 \cdot 16{,}40 = 3{,}28 \text{ cal}$$

$$\frac{A}{2g}\left(w_1^2 - w_2^2\right) = \frac{68757}{8380} = 8{,}20 \text{ cal}$$

$$\frac{A}{2g}\, c_2^2 = \frac{36656}{8380} = 4{,}37 \text{ cal.}$$

Die Einzeichnung im Entropiediagramm führt zur Endspannung $p_a = 0{,}43$ Atm. abs. anstatt 0,50 infolge der Annahme eines zu grossen Wertes für $\mu$. Dessen Nachrechnung gemäss Gl. 5 ergibt:

$$\mu' = \frac{0{,}8 \cdot 1{,}1 \cdot 124-5}{0{,}8 \cdot 124} = 1{,}05.$$

Von einer Wiederholung der Rechnung und Zeichnung mit $\mu' = 1{,}05$ ist abgesehen worden.

Das Diagramm ergibt

$$A\ L_i = 42 \text{ cal und } \eta_i = 0{,}325,$$

somit ein Verhältnis zur Vorwärtsleistung $A\ L_i = 127{,}5$

$$K = 0{,}33,$$

d. h., etwas höher als der oben zugrunde gelegte Wert 0,30.

Der Forderung zylindrischer Begrenzung der Schaufelkanäle genügt die Bedingungsgleichung hierfür

$$\frac{v_n}{v_{n+1}} = \frac{c a_2}{c a_1}$$

nicht, da $c a_2 = c a_1$ angenommen wurde.

Ebenso wenig lohnt es sich, höhere konstante Beaufschlagung, etwa halbe in den ersten 4 Rädern und volle in den letzten 4 Rädern einzuführen, da dies zu geringe Schaufellängen liefert.

Da $c_1 \sin \alpha_1 = c_2$, so folgt nach Gl. 7b

$$l_a = \frac{3{,}52 \cdot v \cdot 1{,}08 \cdot 1000}{c_2 \cdot \varepsilon \cdot 3{,}18 \cdot \pi} = 380 \cdot \frac{v}{c_2 \cdot \varepsilon}.$$

Für das 1. Rad ist $\varepsilon_1 = 0{,}04$ angenommen, dies ergibt $l_{a_1} = 13$ mm; die Längen sollen sich stufenweise um je 1 mm vergrössern, so dass $l_{a_8} = 20$ mm, somit $\varepsilon_8 = 0{,}378$ wird. Die Zwischenwerte sind in Tabelle I eingetragen. Es genügen ein Leit- und ein Laufschaufelprofil bei derselben Teilung $t = 12$ mm für alle 8 Räder. Entsprechend der Rechnung der Schaufelanzahl der Vorwärtsturbine (s. S. 41 folgt diejenige der Rückwärtsturbine zu $z = 835$ für die vollständige Beschaufelung eines Kranzes, somit für sämtliche 8 Räder:

$$(1{,}040 + 1{,}052 + 1{,}069 + 1{,}097 + 1{,}128 + 1{,}176 + 1{,}260 + 1{,}378) \cdot 835 = 9{,}2 \cdot 835 = 7682.$$

| | | |
|---|---|---|
| Hierzu die Anzahl | 31970 | für die Vorwärtsturbine |
| Gesamtschaufelzahl | 39652 | einer Vor- und Rückwärtsturbine. |

Die Querschnitte für die Turbinenein- und Austrittskanäle ergeben sich aus der Kontinuitätsgleichung,

$$(11) \quad v \cdot G = F \cdot c.$$

1. Für die Eintrittsstutzen beider Turbinen:

$$F_1 = G \cdot \frac{v}{c} = 3{,}52 \cdot \frac{0{,}18}{35{,}0} \cdot 10000 = 180 \text{ qcm}$$

$d = 152$ mm bei Annahme von 35 $\frac{\text{m}}{\text{Sek}}$ Dampfgeschwindigkeit;

2. für den gemeinsamen Austrittskanal:

$$F_2 = 3{,}52 \cdot \frac{18}{50} \cdot 10000 = 12700 \text{ qcm}$$

bei Annahme von 50 $\frac{\text{m}}{\text{Sek}}$ Dampfgeschwindigkeit, dies ergibt bei einer lichten Weite des Austrittskanals von 400 cm, quer zur Turbinenachse gemessen, eine lichte Weite von 32 cm achsial zwischen den Innenkanten der letzten Räder der Vor- und Rückwärtsturbine gemessen. Ausserhalb des Turbinengehäuses geht dieser Kanal in die Querschnittsabmessungen 80 cm $\times$ 160 cm über. (Vergl. Längsschnitt der Zoellyturbinen Beilage VII Fig. 27.)

## II. Rateau-Turbine.

(s. Dln S. 36)

Für diese Turbine seien die in vorangegangener Rechnung I für die Zoelly-Turbine gewonnenen Erfahrungen benutzt und des Vergleichs halber die Anlage von 2 Wellen mit je einer Turbine und $n = 505$ zugrunde gelegt und hierfür die der Rateau-Turbine entsprechenden Veränderungen vorgenommen:

Die Verlustkoeffizienten $\varphi$ u. $\psi$ sind gleich denjenigen der Zoelly-Vorwärtsturbine. Erforderlich ist die Bildung mehrerer Gruppen mit verschiedenen Kranzdurchmessern, deren Einzelwärmegefälle $q$ innerhalb einer Gruppe dieselben, pro Stufe der einen Gruppe aber geringer als diejenigen der folgenden bezw. grösser als diejenigen der Vorangehenden sind; auch hier seien die Winkel und Geschwindigkeiten, mithin die Geschwindigkeitsdiagramme innerhalb einer Gruppe einander gleich.

Nach vorangegangenen Versuchsrechnungen wurde angenommen I. Gruppe: $q_1 = 4$ cal.

Aus $\varphi q_1 = A \frac{c_1^2}{2g}$ folgt:

$$c_1 = \sqrt{0{,}8 \quad 4 \cdot 8380} = 163{,}5 \frac{\text{m}}{\text{Sek}}$$

Unter weiterer Annahme eines für Rateauturbinen gebräuchlichen Winkels $\alpha_1 = 25^0$ und $\frac{c_a}{u} = 1{,}0$ bis $1{,}5$ folgt:

$$u_1 = \frac{c_a}{1{,}3} = \frac{c_1 \sin \alpha_1}{1{,}3} = \frac{163{,}5 \cdot 0{,}4226}{1{,}3} = 53{,}15 \frac{\text{m}}{\text{Sek}}.$$

Aus $u = \frac{D \pi n}{60}$ folgt:

$$D_1 = \frac{60 \cdot u_1}{\pi \,.\, n} = \frac{60 \cdot 53{,}15}{\pi \cdot 505} = 2{,}012 \text{ m}.$$

Die Konstruktion des Geschwindigkeitsdiagrammes s. Beilage II Fig. 6 I. Analog der Rechnung Seite 35 folgt:

$$q_n = \frac{A}{2g} \frac{c_1^2 - c_2^2}{1-\varphi} = \frac{163{,}5^2 - 61{,}6^2}{8380 \cdot 0{,}8} = 3{,}425 \text{ cal},$$

$$\varphi q_1 = 0{,}2 \cdot 4 = \ldots\ldots = 0{,}800 \text{ cal},$$

$$\varphi q_n = 0{,}2 \cdot 3{,}425 = \ldots\ldots = 0{,}685 \text{ cal},$$

$$\frac{A}{2g}(w_1^2 - w_2^2) = \frac{117{,}5^2 - 94{,}15^2}{8380} = 0{,}590 \text{ cal},$$

$$\frac{A}{2g} c_2^2 = \frac{61{,}6^2}{8380} = \ldots\ldots = 0{,}454 \text{ cal}.$$

Diese Werte sind in das Mollier-Diagramm (s. Beilage II Fig. 7) eingezeichnet und ergeben für die Gruppe I zunächst:

für $s_1 = 17$ Stufen $Q_1 = 60$ cal, $A\,L_{i1} = 39$ cal, $\eta_i = \frac{39}{61} = 0{,}65$.

Dampfverbrauch $D_i = \frac{632{,}3}{A\,L_i} = \frac{632{,}3}{0{,}6 \cdot 180} = 5{,}4 \frac{\text{kg}}{\text{PS}_i,\ \text{St.}}$

stündl. Gesamtverbrauch $D = 5{,}4 \cdot 5100 = 27500 \frac{\text{kg}}{\text{St.}}$

sekundl. Gesamtverbrauch pro Turbine $G = \frac{1}{2} \cdot \frac{27500}{3600} = 3{,}82 \frac{\text{kg}}{\text{Sek.}}$

Nach Gl. 7b für $l$ (s. S. 36) unter Annahme $\varepsilon = 0{,}10$:

$$l_{a1} = G \cdot \frac{v_1 \cdot 1{,}08 \cdot 1000}{c_{a1}\,\varepsilon \cdot D_I \cdot \pi} = 3{,}82 \cdot \frac{0{,}19 \cdot 1{,}08 \cdot 1000}{69 \cdot 0{,}10 \cdot 2{,}012 \cdot \pi} = 18{,}3 \text{ mm}$$

(Vergl. S. 48).

IV. Gruppe: Angenommen für letztes Laufrad der letzten Gruppe IV;

$$q_n = 10 \text{ cal} = \frac{c_1^2 - c_2^2}{8380 \cdot 0{,}8} = \frac{c_1^2 - (0{,}377\, c_1)^2}{8380 \cdot 0{,}8},$$

indem $c_2 = 0{,}377\, c_1$ dem Diagramm der I. Gruppe entnommen wurde, mithin

$$c_1 = \sqrt{\frac{0{,}8 \cdot 10 \cdot 8380}{1 - 0{,}377^2}} = 279 \frac{\text{m}}{\text{Sek}};$$

ferner ebenfalls entsprechend der I. Gruppe:

$$u_4 = \frac{c_1 \sin \alpha_1}{1{,}3} = \frac{279 \cdot 0{,}4226}{1{,}3} = 90{,}8 \frac{\text{m}}{\text{Sek}}$$

ergibt

$$D_4 = \frac{60 \cdot u}{\pi \cdot n} = \frac{60 \cdot 90{,}8}{\pi \cdot 505} = 3{,}430 \text{ m}.$$

Zur späteren Einzeichnung in das J.-S.-Diagramm folgt nach Konstruktion des Geschwindigkeits-Diagramms (Fig. 6 IV):

$$q_1 = \frac{279^2}{8380 \cdot 0{,}8} = 11{,}6 \text{ cal}, \quad \frac{A}{2g} \cdot (w_1^2 - w_2^2) = \frac{201^2 - 161^2}{8380} = 1{,}73 \text{ cal}$$

$$\varphi q_1 = 0{,}2 \cdot 11{,}6 = 2{,}33 \text{ cal}, \quad \frac{A}{2g} \cdot c_2^2 = \frac{106^2}{8380} = 1{,}34 \text{ cal}$$

$$\varphi q_n = 0{,}2 \cdot 10 = 2{,}00 \text{ cal}.$$

Der sekundliche Dampfverbrauch wurde bereits zu $G = 3{,}82 \frac{\text{kg}}{\text{Sek}}$ berechnet; bei voller Beaufschlagung des letzten Laufrades wird die Länge des letzten Leitrades:

$$l = \frac{3{,}82 \cdot 17{,}0 \cdot 1{,}08 \cdot 1000}{119 \cdot 1{,}0 \cdot 3{,}43 \cdot \pi} = 58{,}2 \text{ mm (Vergl. S. 48)},$$

wobei zunächst das spezifische Volumen am Austritt des letzten Leitrades aus der Tabelle für die Zoelly-Turbine entnommen wurde.

Die Expansion soll nun in den vorgesehenen 4 Gruppen unter Annahme konstanter Beaufschlagung innerhalb einer jeden Gruppe in folgender Weise stattfinden:

| | | | | | |
|---|---|---|---|---|---|
| I. Gruppe | 1 Stufe zu 4,0 cal; 16 Stufen „ je 3,425 „ | = 62 cal | bei $\varepsilon$ | = 0,10 |
| II. „ | 8 „ „ „ 6 „ | = 48 „ | „ | = 0,25 |
| III. „ | 5 „ „ „ 8 „ | = 40 „ | „ | = 0,60 |
| IV. „ | 3 „ „ „ 10 „ | = 30 „ | „ | = 1,00 |
| | $s = 33$ | $Q = 180$ | | |

Für die zweite Gruppe folgt demnach:

$$q_{n2} = 6 = \frac{c_1^2\,(1-0{,}377^2)}{8380 \cdot 0{,}8},$$

$$c_1 = 216\,\frac{\text{m}}{\text{Sek}},$$

$$u_2 = \frac{216 \cdot \sin 25^0}{1{,}3} = 70{,}35\,\frac{\text{m}}{\text{Sek}}\,\left(\frac{c_a}{u} = 1{,}3 \text{ nach S. } 45\right)$$

$$D_2 = \frac{60 \cdot 70{,}35}{\pi \cdot 505} = 2{,}665 \text{ m.}$$

Nach Konstruktion des Geschwindigkeitsdiagramms (Fig. 6 II) folgt:

$q_1 = 7{,}0$ cal, $\varphi q_n = 1{,}2$ cal, $\frac{A}{2g}(w_1^2 - w_2^2) = 1$ cal, $\varphi q_1 = 1{,}4$ cal, $\frac{A}{2g}c_2^2 = 0{,}82$ cal.

Für die III. Gruppe folgt:

$$q_{n3} = 8 = \frac{c_1^2\,(1-0{,}377^2)}{8380 \cdot 0{,}8},$$

$$c_1 = 250\,\frac{\text{m}}{\text{Sek}},$$

$$u_3 = \frac{250 \cdot \sin 25^0}{1{,}3} = 81{,}25\,\frac{\text{m}}{\text{Sek}},$$

$$D_3 = \frac{60 \cdot 81{,}25}{\pi \cdot 505} = 3{,}075 \text{ m.}$$

Nach Konstruktion des Geschwindigkeitsdiagramms (Fig. 6 III):

$q_1 = 9{,}4$ cal, $\varphi q_1 = 1{,}88$ cal, $\varphi q_n = 1{,}60$ cal, $\frac{A}{2g}(w_1^2 - w_2^2) = 1{,}36$ cal, $\frac{A}{2g}c_2^2 = 1{,}08$ cal.

Die Einzeichnung der Einzelgefälle der Expansionsgruppen II—IV im Anschluss an jene der I. Gruppe im Mollier-Diagramm (II, Fig. 7) führt bei $s_4 = 3$ auf den Enddruck $p_a = 0{,}09$ Atm. abs.
„ $s_4 = 4$ „ „ „ $p_a = 0{,}064$ „ „ ,
im letzteren Falle zu:

$$Q = 184 \text{ cal}, \quad A\,L_i = 121 \text{ cal}, \quad \eta_i = \frac{121}{184} = 0{,}66\,;$$

$\eta_i$ ist fast in Übereinstimmung mit dem in obiger Rechnung des Dampfverbrauchs und der Schaufellänge benutzten Wert von 0,65. Jene Werte ändern sich somit ein wenig um in:

$$D_i = \frac{632,3}{121} = 5,22 \frac{\text{kg}}{\text{PS}_i,\text{St}} \text{ und } G = \frac{1}{2} \cdot \frac{26600}{3600} = 3,70 \frac{\text{kg}}{\text{Sek}},$$

$$D = 5,22 \cdot 5100 = 26600 \frac{\text{kg}}{\text{St.}};$$

ferner die Schaufellängen:

$$\text{I. Gruppe:} \quad l_{a_1} = 3,70 \cdot \frac{0,19 \cdot 1,08 \cdot 1000}{69 \cdot 0,10 \cdot 2,012 \cdot \pi} \cong 17,6 \text{ mm}$$

$$\text{für } \varepsilon_1 = \text{const.: } l_{a_2} = l_{a_1} \cdot \frac{c_{a_1}}{c_{a_2}} = 17,6 \cdot 1,17 = 20,6 \text{ „}$$

$$l_{a3} = \ldots = 20,6 \cdot 1,17 = 24,2 \text{ „ u.s.w.}$$

$$\text{II. Gruppe:} \quad l_{a18} = 3,70 \cdot \frac{0,71 \cdot 1,08 \cdot 1000}{92 \cdot 0,25 \cdot 2,665 \cdot \pi} = 14,7 \text{ „}$$

$$\text{für } \varepsilon_2 = \text{const.: } l_{a19} = \ldots = 14,7 \cdot 1,21 = 17,8 \text{ „ „}$$

$$\text{III. Gruppe:} \quad l_{a26} = 3,70 \cdot \frac{2,55 \cdot 1,08 \cdot 1000}{106,5 \cdot 0,60 \cdot 3,075 \cdot \pi} = 16,5 \text{ „}$$

$$\text{für } \varepsilon_3 = \text{const.: } l_{a27} = \ldots = 16,5 \cdot 1,20 = 19,9 \text{ „ „}$$

$$\text{IV. Gruppe:} \quad l_{a31} = 3,70 \cdot \frac{8,30 \cdot 1,08 \cdot 1000}{119 \cdot 1,0 \cdot 3,430 \cdot \pi} = 25,8 \text{ „}$$

$$\text{für } \varepsilon_4 = \text{const.: } l_{a32} = \ldots = 25,8 \cdot 1,19 = 30,6 \text{ „ „}$$

Auf zylindrische Begrenzung der Leitschaufeln ist hierbei nicht Rücksicht genommen, die diesbezgl. Bedingung (9) $\frac{v_n}{v_{n+1}} = \frac{c_{a_2}}{c_{a_1}}$ (s. S. 38) ist hier nicht genau erfüllt in der I. und IV. Gruppe, dagegen durchschnittlich in der II. und der III. Gruppe. Dies könnte durch Verzicht auf genaue Gleichheit der Winkel in den Geschwindigkeits-Diagrammen der 4 Gruppen durch das Verhältnis $\frac{c_{a_2}}{c_{a_1}} = \frac{v_n}{v_{n+1}} = 0,835$ erreicht werden. Andernfalls ist noch die Länge am Schaufeleintritt (vergl. S. 37) zu rechnen:

$$(8.) \quad l_{e_2} = l_{a_2} \cdot \frac{v_1}{v_2} = 20,6 \frac{0,19}{0,20} = 19,6 \text{ mm}$$

u. s. w.

Vergl. die folgende Tabelle II.

Die Schaufelbreite $b$ und Teilung $t$ seien wie zu I:

$b_1 = 15-20$ mm, $t_1 = 12$ mm für $l =< 100$ mm

$b_2 = 25$ „ $t_2 = 15$ „ „ $l = 100-200$ „

$b_3 = 30$ „ $t_3 = 18$ „ „ $l > 200$ „

Die Längen $l > 100$ mm können noch vermieden und dadurch die Beschaufelung erheblich verbilligt werden durch Ersatz der Stufen 10—17 durch die Stufengruppe Ib unter Annahme von:

$$q_n = 5 \text{ cal} = \frac{c_1^2 \; (1-0{,}377^2)}{8380 \cdot 0{,}8}$$

$$c_1 = 197{,}5 \frac{\text{m}}{\text{Sek}}$$

$$\text{für } \alpha = 25^0 : u = 64{,}2 \frac{\text{m}}{\text{Sek}}, D = 2{,}43 \text{ m},$$

$$q_1 = 5{,}81 \text{ cal}, \varphi \, q_n = 1{,}00 \text{ cal}, \frac{A}{2g} \; (w_1^2 - w_2^2) = 1{,}04 \text{ cal}$$

$$\varphi \, q_1 = 1{,}16 \;\; „ \quad \frac{A}{2g} \, c_2^2 = 0{,}86 \text{ cal},$$

deren Einzeichnung in das Mollier-Diagramm ergibt 5 Stufen und führt annähernd auf die Endspannung der vorherigen 17. Stufe. Für $\varepsilon = 0{,}14$ folgt:

$$l_{a_{10}} = 3{,}70 \cdot \frac{0{,}38 \cdot 1{,}08 \cdot 1000}{84 \cdot 0{,}14 \cdot 2{,}43 \cdot \pi} = 16{,}9 \text{ mm},$$

$$l_{a_{11}} = l_{a_{10}} \cdot \frac{c_{a_1}}{c_{a_2}} = 16{,}9 \cdot 1{,}18 = 20{,}0 \;\; „ \quad \text{u. s. w. (s. Tab. II).}$$

Anstatt der sonst für Rateauturbinen üblichen zylindrisch gebogenen, den Ein- und Austrittswinkeln entsprechend an den Kanten abgeschärften Lauf-Schaufeln von erheblich geringerer Breite, als die Leitschaufeln aufweisen, ist in Beilage II, Fig. 9, versuchsweise*) ein Laufschaufelprofil konstruiert worden, das durch Verdrehung der Leitschaufel genügt. Letztere erhält dann eine etwas geringere achsiale Breite als die Laufschaufel. Auch dieses Profil ist aus Flusseisenblech zylindrisch zu biegen und die Kanten den Winkeln entsprechend auszuschärfen.

Dieses eine Profil würde dann sämtlichen Schaufeln der Turbine genügen.

Nach Zusammensetzung der Faktoren aus Kranz- und Beaufschlagungszahl:
$9 \cdot 1{,}1 = 9{,}9$; $5 \cdot 1{,}14 = 5{,}7$; $8 \cdot 1{,}25 = 10$; $5 \cdot 1{,}6 = 8$; $4 \cdot 2 = 8$ (s. S. 41) folgen die Schaufelanzahlen der 5 Gruppen von zusammen 31 Rädern:

---

*) Für $b = 15$ mm, während für Längsschnitt Fig. 29 $b = 20$ gewählt wurde.

1. $z_{1a} = \frac{D_{1a}\pi}{t} = \frac{2012 \cdot \pi}{12} = 526$ pr. Kranz; Gesamtz. $= 9{,}9 \cdot 526 = 5207$

2. $z_{1b} = \frac{D_{1b}\pi}{t} = \frac{2430 \cdot \pi}{12} = 636$ „ „ „ $= 5{,}7 \cdot 636 = 3625$

3. $z_2 = \frac{D_2\pi}{t} = \frac{2665 \cdot \pi}{12} = 699$ „ „ „ $= 10 \cdot 699 = 6990$

4. $z_3 = \frac{D_3\pi}{t} = \frac{3075 \cdot \pi}{12} = 805$ „ „ „ $= 8 \cdot 805 = 6440$

5. $z_4 = \frac{D_4\pi}{t} = \frac{3430 \cdot \pi}{12} = 898$ „ „ „ $= 8 \cdot 898 = 7184$

29446.

Die Gesamtschaufelzahl beträgt in jeder der beiden 31-stufigen Turbinen für Vorwärtsgang:

$$z = 29446.$$

Rückwärtsturbine

Diese werde analog der Rechnung für die Zoellyturbine dimensioniert (s. S. 41).

Die hierfür festgesetzte Umlaufzahl ist $n_R = 380$; es sollen die beiden grössten Schaufelkranzdurchmesser der Vorwärtsturbine für die Räder zweier Stufengruppen der Rückwärtsturbine vorgesehen werden, somit wird zunächst für $D_1 = 3{,}075$ m die mittlere Schaufelgeschwindigkeit der I. Gruppe:

$$u_{\mathrm{I}} = 81{,}25 \cdot \frac{380}{505} = 61{,}1 \frac{\mathrm{m}}{\mathrm{Sek}}.$$

Die I. Gruppe habe 4, die II. nur 3 Druckstufen,
die 1. Stufe habe 20 cal verfügbares Wärmegefälle,
„ 2.—4. „ „ je 17 „ „ „ ,
„ 5.—7. „ „ „ 20 „ „ „ ,

$$c_1 = \sqrt{0{,}8 \cdot 20 \cdot 8380} = 366 \frac{\mathrm{m}}{\mathrm{Sek}}.$$

Aus

$$q_{2-4} = \frac{A}{2g} \frac{c_1^2 - c_2^2}{1-\varphi} = 17$$

folgt $c_2 = 141{,}5 \frac{\mathrm{m}}{\mathrm{Sek}} = 0{,}386 \cdot c_1$.

Angenommen $\eta_i = 0{,}325$ (wie $\eta_i$ der Zoelly-Rückwärtsturbine),
mithin für die 1. Stufe $A\,L_{i_1} = 6{,}50$ cal, ferner $\varphi q_1 = 4$ cal,
„ „ 2.—4. „ $A\,L_{i_n} = 5{,}52$ „ „ $\varphi q_n = 3{,}4$ „ ,
es bleibt somit

$$q - \varphi q - A\,L_i = \frac{A}{2g} w_1^2 (1 - \psi^2)$$

$$17 - 3{,}4 - 5{,}52 = 8{,}08 \text{ cal};$$

$$w_1 = \sqrt{\frac{8{,}08 \cdot 8380}{1-\psi^2}}.$$

Der Verlustkoeffizient $\psi$ wurde so gewählt, dass zunächst die Konstruktion der Geschwindigkeits-Diagramme überhaupt ermöglicht wurde, d. h. $\psi < 0{,}6$; die günstigsten Ergebnisse liefert die Wahl von $\psi = 0{,}56$:

$$w_1 = 314 \frac{\text{m}}{\text{Sek}} \text{ und}$$

$$w_2 = \psi w_1 = 175{,}5 \frac{\text{m}}{\text{Sek}}$$

$$\frac{c_{a_1}}{c_{a_2}} = 1{,}38, \quad \alpha_1 = 28^0 40'.$$

Für die II. Gruppe folgt aus

$$q_{5-7} = \frac{A}{2g} \frac{c_1 \, (1-0{,}386^2)}{1-\varphi} = 20$$

$$c_1 = 397{,}5 \frac{\text{m}}{\text{Sek}},$$

mithin $c_2 = 0{,}386 \cdot c_1 = 153{,}5 \frac{\text{m}}{\text{Sek}}$.

Unter Annahme derselben Schaufelwinkel wie zu I:

$w_1 = 340$, $w_2 = 192$, $u = 67{,}0$, mithin $D_2 = 3{,}37$ m,

der Schaufelkranzdurchmesser der 2ten Radgruppe ist somit nur 60 mm geringer als derjenige der letzten Gruppe der Vorwärtsturbine.

Die Energieverluste sind:

$$\varphi q = 4 \text{ cal},$$

$$\frac{A}{2g} w_1^2 \, (1-\psi^2) = 9{,}48 \text{ cal},$$

$$\frac{A}{2g} c_2^2 = 2{,}81 \text{ cal}.$$

Die Einzeichnung in das J-S-Diagramm führt von $p_e = 11{,}5$ auf $p_a = 0{,}52$ Atm. abs.; das verfügbare Wärmegefälle $Q = 122$ cal liefert bei einem Wirkungsgrad $\eta_i = 0{,}34$ die Arbeitsleistung $AL_i = 41{,}5$ cal.

Tabelle II.

| | Leitrad | Atm. abs. $p_a$ | $t$ bezw. $x_a$ % | $v$ $\frac{\text{cbm}}{\text{kg}}$ | $l_a$ mm | $\varepsilon$ |
|---|---|---|---|---|---|---|
| I. | 1 | 10,5 | $t=186$ | 0,190 | 17,6 | 0,10 konstant |
| | 2 | 9,9 | 181 | 0,200 | 20,6 | |
| | 3 | 9,2 | $x=1{,}0$ | 0,215 | 24,2 | |
| | 4 | 8,5 | 0,996 | 0,230 | 28,3 | |
| | 5 | 7,8 | 3 | 0,246 | 33,1 | |
| | 6 | 7,2 | 1 | 0,265 | 38,7 | |
| | 7 | 6,6 | 0,989 | 0,280 | 45,3 | |
| | 8 | 6,1 | 6 | 0,305 | 53,0 | |
| | 9 | 5,6 | 3 | 0,330 | 62,0 | |
| | 10 | 5,10 | 1 | 0,360 | 72,6 | |
| | 11 | 4,80 | 0,979 | 0,390 | 85,0 | |
| | 12 | 4,45 | 6 | 0,420 | 99,5 | |
| | 13 | 4,05 | 4 | 0,445 | 116,0 | |
| | 14 | 3,75 | 1 | 0,475 | 136,0 | |
| | 15 | 3,45 | 0,969 | 0,520 | 150,0 | |
| | 16 | 3,10 | 6 | 0,570 | 175,0 | |
| | 17 | 2,90 | 4 | 0,600 | 205,0 | |
| II. | 18 | 2,45 | 0,958 | 0,71 | 14,7 | 0,25 konstant |
| | 19 | 2,05 | 3 | 0,82 | 17,8 | |
| | 20 | 1,75 | 0 | 0,99 | 21,6 | |
| | 21 | 1,50 | 0,945 | 1,10 | 26,2 | |
| | 22 | 1,30 | 1 | 1,30 | 31,7 | |
| | 23 | 1,10 | 0,937 | 1,50 | 38,5 | |
| | 24 | 0,91 | 2 | 1,65 | 46,6 | |
| | 25 | 0,79 | 0,928 | 2,00 | 56,5 | |
| III. | 26 | 0,595 | 1 | 2,55 | 16,5 | 0,60 konstant |
| | 27 | 0,480 | 0,916 | 3,10 | 19,9 | |
| | 28 | 0,370 | 0 | 4,00 | 23,8 | |
| | 29 | 0,300 | 0,905 | 4,90 | 28,6 | |
| | 30 | 0,240 | 0,900 | 6,00 | 34,3 | |
| IV. | 31 | 0,170 | 0,893 | 8,3 | 25,8 | 1,00 konstant |
| | 32 | 0,124 | 0,887 | 11,0 | 30,6 | |
| | 33 | 0,090 | 0,880 | 15,0 | 36,5 | |
| | 34 | 0,064 | 0,878 | $\backsim$ 20 | 43,5 | |
| I b. | 10 | 4,90 | 0,978 | 0,38 | 16,9 | 0,14 konstant |
| | 11 | 4,35 | 5 | 0,42 | 20,0 | |
| | 12 | 3,80 | 2 | 0,48 | 23,6 | |
| | 13 | 3,40 | 0,968 | 0,52 | 27,8 | |
| | 14 | 3,00 | 5 | 0,59 | 32,8 | |
| **Für Rückwärts-Turbine** | | | | | | |
| | 1 | 7,5 | 0,987 | 0,25 | 11,7 | 0,05 |
| | 2 | 5,1 | 0,985 | 0,36 | 12,8 | 0,07 |
| | 3 | 3,5 | 0,983 | 0.52 | 13,9 | 0,09 |
| | 4 | 2,3 | 0,981 | 0,77 | 15,0 | 0,12 |
| | 5 | 1,45 | 0,976 | 1,20 | 13,4 | 0,18 |
| | 6 | 0,88 | 0,971 | 1,90 | 16,7 | 0,23 |
| | 7 | 0,52 | 0,967 | 3,00 | 20,0 | 0,30 |

Das Verhältnis zur entsprechenden Vorwärtsleistung $AL_i$ $= 121$ cal ist

$$K = 0{,}343.$$

Auf zylindrische Schaufelkanalbegrenzung entsprechend der Bedingung $\frac{v_n}{v_{n+1}} = \frac{ca_2}{ca_1} = 0{,}725$ ist in dieser Rechnung nicht Rücksicht genommen worden.

Auch auf konstante Beaufschlagung ist verzichtet worden; um etwas längere Schaufeln zu erhalten, ist

I. $\varepsilon_1 = 0{,}05$ angenommen, folglich

$$l_{a_1} = \frac{3{,}70 \cdot v \cdot 1{,}08 \cdot 1000}{ca_1 \cdot \varepsilon_1 \cdot 3{,}075 \cdot \pi} = 414 \cdot \frac{0{,}25}{175{,}5 \cdot 0{,}05} = 11{,}7 \text{ mm};$$

bei stufenweisem Zuwachs der Schaufeln um 1,1 mm wird

$$\varepsilon_4 = \frac{414 \cdot 0{,}77}{175{,}5 \cdot 15} = 0{,}12.$$

II. Die Annahme $\varepsilon_5 = 0{,}18$ liefert:

$$l_{a_5} = \frac{3{,}70 \cdot v \cdot 1{,}08 \cdot 1000}{ca_1 \cdot \varepsilon_5 \cdot 3{,}37 \cdot \pi} = 378 \cdot \frac{1{,}2}{190 \cdot 0{,}18} = 13{,}4 \text{ mm},$$

bei stufenweisem Zuwachs der Schaufellängen um 3,3 mm wird

$$\varepsilon_7 = \frac{378 \cdot 3.00}{190 \cdot 20} = 0{,}30.$$

Die Zwischenwerte für $l$ und $\varepsilon$ siehe Tabelle II.

Es genügen ein Leit- und ein Laufschaufelprofil bei derselben Teilung $t = 12$ mm für alle 7 Räder.

Die Schaufelanzahl folgt zu:

$$Z_R = (1{,}05 + 1{,}07 + 1{,}09 + 1{,}12) \cdot 805 + (1{,}18 + 1{,}23 + 1{,}30) \cdot 882$$

$$Z_R = 6758.$$

Hierzu $Z_V = 29446.$

Gesamtschaufelzahl 36204 einer Vor- und Rückwärtsturbine.

Die Querschnitte für die Turbinenein- und Austrittskanäle folgen entsprechend der Rechnung bei der Zoellyturbine (s. S. 44):

$$F_1 = 3{,}70 \cdot \frac{0{,}25}{35{,}0} \cdot 10000 = 264{,}5 \text{ qcm}$$

$$d = 183 \text{ mm}.$$

$$F_2 = 3{,}70 \cdot \frac{20}{50} \cdot 10000 = 14800 \text{ qcm} = 32 \text{ cm} \times 463 \text{ cm}$$

$$\text{bezw.} = 80 \text{ cm} \times 186 \text{ cm}$$

(Vergl. Längsschnitt der Rateauturbine Beilage VIII Fig. 29.)

## III. Curtis-Turbine
## für 2 Wellen mit je 1 Turbine und $n = 505$.

A. Angenommen zunächst 7 Druckstufen, deren erste 4, deren übrigen je 3 Geschwindigkeitsstufen besitzen; das erste Rad indiziere ein viertel, die übrigen 6 Räder indizieren je ein achtel, somit zusammen dreiviertel der Leistung, folglich:

die 1. Druckstufe hat ein verfügbares Wärmegefälle $Q_1 = \frac{180}{4} = 45$ cal.

$$(12)\quad Q_1 = \frac{c_1^2}{8380 \cdot 0{,}8} = 45$$

$$c_1 = \sqrt{8380 \cdot 45 \cdot 0{,}8} = 550 \frac{\text{m}}{\text{Sek}}.$$

Die Annahme von $u = 42 \frac{\text{m}}{\text{Sek}}$, ferner von $\psi \cong 0{,}9$ unter Berücksichtigung desselben Reibungs- und Stossverlustes an Leit- und Laufschaufeln mit Ausnahme des 1. Leitkanals, sowie eines geringen Winkels für den Austritt des Dampfes aus dem ersten Leitkanal

$$\alpha_1 = 18^0$$

liefert achsiale Richtung für die absolute Bewegung des Dampfaustritts aus dem letzten Laufrad:

Die „indizierte“ Leistung ergibt die Gleichung:

$$(13.)\quad AL_i = \frac{A}{2g}\left[c_1^2 - \left[(w_1^2 - w_2^2) + (c_2^2 - c_1'^2) + (w_1'^2 - w_2'^2) + \cdots + c_2'''^2\right]\right]$$

$$= \frac{A}{2g}\left[c_1^2 - (1-\psi^2)\left[w_1^2 + c_2^2 + w_1'^2 + c_2'^2 + w_1''^2 + c_2''^2 + w_1'''^2\right] - c_2'''^2\right]$$

Nach Fig. 10 (Beilage III) folgt:

$$AL_i = \frac{1000}{8380} \cdot \left[303 - 0{,}2\left[264{,}0 + 176{,}5 + 113{,}0 + 69{,}2 + 39{,}0 + 20{,}4 + 9{,}8\right] - 5{,}62\right]$$

$$= \frac{1000}{8380} \cdot \left[297{,}38 - 0{,}2 \cdot 691{,}9\right] = \frac{1000}{8380} \cdot 159 = 19 \text{ cal},$$

folglich $\eta_i = \frac{19}{45} = 0{,}422$.

Die 2.—7. Druckstufe hat ein verfügbares Wärmegefälle von je $Q_{2-7} = 22{,}5$ cal,

$$Q_{2-7} = \frac{c_1^2}{8380 \cdot 0{,}8} = 22{,}5;\ c_1 = 388{,}5 \frac{\text{m}}{\text{Sek}}.$$

Unter Annahme von $u = 45 \frac{\text{m}}{\text{Sek}}$ und, wie in der 1. Druckstufe, $\alpha_1 = 18^0$ folgt wiederum achsiale Richtung für die absolute Bewegung des Dampfaustritts.

Nach Konstruktion des Geschwindigkeits-Diagramms folgt (aus Fig. 11):

$$AL_i = \frac{1000}{8380} \cdot \left[151 - 0{,}2 \cdot [119{,}0 + 71{,}6 + 38{,}9 + 19{,}6 + 8{,}6] - 4{,}6\right]$$

$$= \frac{1000}{8380} \cdot \left[146{,}4 - 0{,}2 \cdot 257{,}7\right] = \frac{1000}{8380} \cdot 94{,}86 = 11{,}3 \text{ cal},$$

folglich: $\eta_i = \frac{11{,}3}{22{,}5} = 0{,}501 \cdot$

Die mittleren Schaufelkranzdurchmesser sind:

$$D_1 = \frac{42 \cdot 60}{\pi \cdot 505} = 1{,}585 \text{ m},$$

$$D_{2-7} = \frac{45 \cdot 60}{\pi \cdot 505} = 1{,}700 \text{ m}.$$

Die Einzeichnung der Einzelgefälle in das Mollier-Diagramm — Fig. 12 — führt bei 7 Stufen auf $p_a = 0{,}12$, so dass noch eine 8. Stufe erforderlich wird, um auf $p_a = 0{,}058 \backsim 0{,}06$ Atm. abs. als gewünschte Endspannung zu gelangen; dies ist die Folge der Reibung des Dampfes an den Kanalwänden, deren Wärmebetrag zu seiner Trocknung ausgenutzt wird; denn diese wurde in den Hauptgleichungen 12 und 13 nicht wie in Gl. 1 (bezw. 3) durch Faktor $\mu$ berücksichtigt. Dieses Diagramm ergibt daher auch die folgenden günstigeren Werte als oben berechnete:

$$Q_{1-8} = 186{,}5 \text{ cal}, \quad AL_i = 98 \text{ cal}, \quad \eta_i = 0{,}525.$$

Hieraus folgt:

$$D_i = \frac{632{,}3}{98} = 6{,}45 \frac{\text{kg}}{\text{PS}_{i,} \text{ St.}}$$

$$D = 6{,}45 \cdot 5100 = 32950 \frac{\text{kg}}{\text{St}} \text{ für 2 Turbinen},$$

$$G = \frac{1}{2} \cdot \frac{32950}{3600} = 4{,}585 \frac{\text{kg}}{\text{Sek}} \text{ ,, 1 ,,}$$

Dieser im Vergleich mit denjenigen der Zoelly- und Rateauturbine hohe Dampfverbrauch veranlasst die Rechnung B; nachteilige Ergebnisse dieser letzteren gegenüber der vorangehenden Rechnung A jedoch deren Fortsetzung:

Die aus Fig. 12 erhaltenen Werte stehen in folgender Tabelle III unter A; folglich:

$$l_{a_1} = 4{,}585 \cdot \frac{0{,}42 \cdot 1{,}08 \cdot 1000}{171 \cdot 0{,}10 \cdot 1{,}585 \cdot \pi} = 24{,}4 \text{ mm}.$$

Aus der Entropietafel ist ersichtlich, dass bei konstantem Druck die spezifischen Volumina sich mit Vergrösserung der spezifischen Dampfmenge — besonders bei geringen Spannungen — nur sehr wenig verringern. Aus diesem Grunde ist $v$ innerhalb einer jeden Druckstufe als konstant angenommen:

$$l_{e_2} = l_{a_1} \cdot \frac{c_{a_1}}{c_{a_2}} = 24{,}4 \cdot \frac{171}{153} = 27{,}3 \text{ mm}; \ \varepsilon_1 = 0{,}10 = \text{const.}$$

$$l_{a_2} = l_{a_1} \cdot \frac{c_{a_1}}{c_{a_1}'} = 24{,}4 \cdot \frac{171}{136} = 30{,}7 \text{ mm} \left(= l_{e_2} \cdot \frac{c_{a_2}}{c_{a_1}'} = 27{,}3 \cdot \frac{153}{136}\right)$$

u. s. w., für diese und alle folgenden ist:

$$\frac{c_{a_1}}{c_{a_2}} \backsim \frac{c_{a_2}}{c_{a_1}'} \backsim 1{,}12;$$

in diesem Verhältnis nehmen somit die Schaufellängen zu.

Für das 2. Rad folgt:

$$l_{a_1} = 4{,}585 \cdot \frac{0{,}72 \cdot 1{,}08 \cdot 1000}{120 \cdot 0{,}20 \cdot 1{,}70 \cdot \pi} = 27{,}8 \text{ mm}$$

$$l_{e_2} = 27{,}8 \cdot 1{,}12 = 31{,}2 \text{ mm}, \ l_{a_2} = 31{,}2 \cdot 1{,}12 = 35{,}0 \text{ mm u. s. w.}$$

Für das 3. Rad:

$$l_{a_1} = 4{,}585 \cdot \frac{120 \cdot 1{,}08 \cdot 1000}{120 \cdot 0{,}30 \cdot 1{,}70 \cdot \pi} = 31{,}0 \text{ mm}$$

u. s. w. s. Tabelle III A.

Angenommen die bei der Zoelly- und Rateauturbine benutzten Schaufelbreiten und -Teilungen:

| | | Kranzzahl u. Beaufschlag.*) | Schaufelzahl |
|---|---|---|---|
| 1. Rad: Schaufelz. pr. Kranz $z_1 = \frac{1585 \cdot \pi}{12} = 415$; | | | |
| 1. Leitkranz trägt Schaufeln mit Profil Po**) . . | | 0,1 | 42 |
| 2. Leit- u. 1. Laufschaufelkranz tragen Schaufeln m. Profil | $P_1$ | 1,1 | 456 |
| 3. " " 2. " " " " " | $P_2$ | 1,1 | 456 |
| 4. " " 3. " " " " " | $P_3$ | 1,1 | 456 |
| 4. " " " " " | $P_4$ | 1,0 | 415 |
| 2.—6. Rad: | $z_2 = \frac{1700\ \pi}{12} = 445$ | | |
| 1. Leitschaufelkranz " " " " | $P = P_6$ | 2,05 | 912 |
| 2. Leit- u. 1. Laufschaufelkr. " " " " | $P_5$ | 7,05 | 3137 |
| 3. " " 2. " " " " " | $P_6$ | 7,05 | 3137 |
| 3. " " " " " | $P_7$ | 5,0 | 2225 |
| 7.—8. Rad: | $z_3 = \frac{1700 \cdot \pi}{15} = 356$ | | |
| 1. Leitschaufelkranz " " " " | $P = P_9$ | 1,8 | 641 |
| 2. Leit- u. 1. Laufschaufelkr. " " " " | $P_8$ | 3,8 | 1353 |
| 3. " " 2. " " " " " | $P_9$ | 3,8 | 1353 |
| 3. " " " " " | $P_{10}$ | 2,0 | 712 |
| | | Summe: | 15295. |

Unter Ausbildung der Profile in der vorstehend angegebenen Weise erhält man 10 verschiedene Profile und eine Gesamtschaufelzahl für die Vorwärtsturbine von 15295.

*) 1. Bemerkung: Erklärung der Faktoren: $\varepsilon = 0{,}1$; $(1 + 0{,}1) = 1{,}1$; $(0{,}2 + 0{,}3 + 0{,}4 + 0{,}5 + 0{,}65) = 2{,}05 = \Sigma(\varepsilon)$; $2{,}05 + 5 = 7{,}05$; $0{,}8 + 1 = 1{,}8$; $1{,}8 + 2 = 3{,}8$ (vergl. S. 41).

**) 2. Bemerkung: Der engste Düsenquerschnitt $f_m$ unter Annahme gesättigten Dampfes, da anfangs nur geringe Überhitzung und am Düsenaustrittsende Sättigung vorhanden ist, ergibt für alle Düsen zusammen nach Zeuner:

$$(14.)\quad f_m = \frac{G}{199} \cdot \sqrt{\frac{v_1}{p_1}} \cdot 10000\,\text{qcm} = \frac{45850}{199} \cdot \sqrt{\frac{0{,}18}{11{,}5}} = 28{,}8\,\text{qcm}.$$

Nach Zeuner folgt für $\frac{p_1}{p_2} = \frac{11{,}5}{4{,}2} = 2{,}74$

der Gesamtquerschnitt am Düsenaustritt $f_2 \backsim 1{,}2 \cdot f_m = 34{,}5$ qcm.

Bei kreisförmigem Querschnitt an der engsten Stelle und rechteckigem am Austrittsende einer jeden von $z$ Düsen folgt:

$$z \cdot \frac{d^2\pi}{4} = 28{,}8\ \text{qcm und}\ z \cdot b \cdot h = 34{,}5\ \text{qcm}.$$

Die lichte Düsenhöhe ist gleich der oben berechneten Länge der sie ersetzenden 1. Leitschaufel am Austrittsende bezw. der 1. Laufschaufel, $h = l_{a_1} = 2{,}44$ cm. Für $z = 6$ folgt $d = 24{,}7$, $b = 23{,}6$, $h = 24{,}4$ mm, d. h. die Düsen konvergieren im horizontalen und nur sehr wenig im vertikalen Längsschnitt; für $z > 6$ divergieren sie im vertikalen, konvergieren sie aber stark im horizontalen Längsschnitt, z. B. für $z = 15$ folgt $d = 15{,}6$, $b = 9{,}5$ $h = 24{,}4$ mm. Unter Annahme von $10^0$ Konizität der Düse wird eine Düsenlänge $e = 41$ mm erzielt, der Vertikalschnitt unter $\measuredangle\ \alpha_1 = 18^0$ geht somit durch die Düsenachse in 41 mm Abstand von dem engsten Eintrittsquerschnitt. Anstatt der Ausführung von 15 einzelnen oder in 5 Gruppen über den Umfang des 1. Leitrades gleichmässig verteilten Düsen sollen entspr. den Ausführungen an Curtisturbinen Düsensegmente mit eingegossenen Leitschaufeln vorgesehen werden, es ist daher von einer Konstruktionszeichnung der Düsen abgesehen worden.

B. Die in obiger Rechnung A erzielten geringen Wirkungsgrade $\eta_i$ und daher hohen Dampfverbrauchszahlen sind eine Folge der vielen Geschwindigkeitsstufen und der geringen Umfangsgeschwindigkeiten. Es sei jetzt zunächst angenommen:

8 Druckstufen, deren erste 3, deren übrige je 2 Geschwindigkeitsstufen besitzen. Das erste indiziere $\frac{2}{9}$; die übrigen 7 Räder indizieren je $\frac{1}{9}$, somit zusammen $\frac{7}{9}$ der Leistung, folglich:

1. Druckstufe: $Q_1 = \frac{2}{9} \cdot 180 = 40$ cal

(12.) $c_1 = \sqrt{8380 \cdot 0{,}8 \cdot 40} = 517 \frac{\text{m}}{\text{Sek}}$.

Es sei angenommen: $u = 60 \frac{\text{m}}{\text{Sek}}$; und $\alpha_1 = 18^0$ (wie zu A):

Die Konstruktion des Diagramms ergibt die gewünschte geringste Austrittsgeschwindigkeit $c''_2$ in achsialer Richtung; die Einsetzung der Werte aus Fig. 13 liefert

(13.)

$$AL_i = \frac{1000}{8380} \cdot \left[\,268 - 0{,}2 \cdot \left[211 + 128 + 69 + 33{,}3 + 14{,}4\right] - 8{,}1\right]$$

$$= \frac{1000}{8380} \cdot \left[259{,}9 - 0{,}2 \cdot 455{,}7\right] = \frac{1000}{8380} \cdot 168{,}76 = 20{,}15 \text{ cal},$$

somit $\eta_i = \frac{20{,}15}{40} = 0{,}505$, d. h. erheblich grösser als in A.

2.—8. Druckstufe: $Q_{2-8} = \frac{1}{9} \cdot 180 = 20$ cal,

$$c_1 = \sqrt{8380 \cdot 0{,}8 \cdot 20} = 366 \frac{\text{m}}{\text{Sek}};$$

angenommen $u = 71{,}2 \frac{\text{m}}{\text{Sek}}$ und $\alpha_1 = 18^0$ (wie zu A): $c_2'$ hat auch hier fast achsiale Richtung, s. Fig. 14:

$$AL_i = \frac{1000}{8380} \cdot \left[134 - 0{,}2 \cdot \left[89{,}5 + 40{,}0 + 21{,}6\right] - 6{,}4\right]$$

$$= \frac{1000}{8380} \cdot \left[127{,}6 - 0{,}2 \cdot 115{,}1\right] = \frac{1000}{8380} \cdot 97{,}38 = 11{,}6 \text{ cal}$$

$$\eta_i = \frac{11{,}6}{20} = 0{,}58, \text{ d. h. auch erheblich grösser als in A.}$$

$$D_1 = \frac{60 \cdot 60}{\pi \cdot 505} = 2{,}265 \text{ m und } D_{2-8} = \frac{71{,}2 \cdot 60}{\pi \cdot 505} = 2{,}690 \text{ m.}$$

Die Einzeichnung in das Mollier-Diagramm Fig. 15 führt auf $p_a = 0{,}11$ Atm. abs. bei 8 Druckstufen, so dass noch eine 9. Stufe erforderlich wird, um die gewünschte Endspannung $p_a = 0{,}056 \backsim 0{,}06$ Atm. abs. zu erreichen*), was die Güte dieser Turbine gegenüber der oben vorgenommenen Überschlagsrechnung erhöht:

$$Q = 187 \text{ cal}, \; AL_i = 113 \text{ cal}, \; \eta_i = 0{,}61,$$

diese Werte sind besser als in A.

$$D_i = \frac{632{,}3}{113} = 5{,}6 \frac{\text{kg}}{\text{PS}_i \text{ St.}}; \quad D = 5{,}6 \,.\, 5100 = 28550 \frac{\text{kg}}{\text{St.}}$$

$$G = \frac{1}{2} \cdot \frac{28550}{3600} = 3{,}97 \frac{\text{kg}}{\text{Sek}} \text{ für 1 Turbine,}$$

*) Vergl. die diesbezgl. Bemerkungen S. 54.

und zwar nähern sich diese Ergebnisse den entsprechenden der Zoelly- und Rateauturbine.

Die aus Fig. 15 erhaltenen Werte für $p$, $x$ und $v$ stehen in Tabelle III unter B.

Tabelle III.

A.

| Druckstufe | $p_a$ | $x$ | $v$ | $\varepsilon$ | $l_{a1}$ | $l_{a3}$ |
|---|---|---|---|---|---|---|
| 1 | 4,20 | 0,962 | 0,42 | 0,10 | 24,4 | 48,4 |
| 2 | 2,50 | 0,975 | 0,72 | 0,20 | 27,8 | 43,9 |
| 3 | 1,40 | 0,961 | 1,20 | 0,30 | 31,0 | 48,8 |
| 4 | 0,80 | 0,951 | 2,00 | 0,40 | 38,6 | 60,8 |
| 5 | 0,43 | 0,940 | 3,65 | 0,50 | 56,4 | 89,0 |
| 6 | 0,23 | 0,930 | 6,50 | 0,65 | 77,5 | 122,4 |
| 7 | 0,12 | 0,920 | 12,0 | 0,80 | 116,0 | 183,0 |
| 8 | 0,058 | 0,909 | ∽22,0 | 1,00 | 170,0 | 267,0 |

B.

| Druckstufe | $p_a$ | $x$ | $v$ | $\varepsilon$ | $l_{a1}$ | $l_{a2}$ |
|---|---|---|---|---|---|---|
| 1 | 4,70 | 0,968 | 0,39 | 0,10 | 14,7 | 22,6 |
| 2 | 3,30 | 0,970 | 0,59 | 0,20 | 13,3 | 16,4 |
| 3 | 1,80 | 0,956 | 0,95 | 0,30 | 14,3 | 17,6 |
| 4 | 1,10 | 0,944 | 1,50 | 0,40 | 17,0 | 20,9 |
| 5 | 0,64 | 0,933 | 2,45 | 0,50 | 22,2 | 27,3 |
| 6 | 0,36 | 0,921 | 4,50 | 0,60 | 34,0 | 41,7 |
| 7 | 0,20 | 0,909 | 7,20 | 0,70 | 46,6 | 57,5 |
| 8 | 0,11 | 0,897 | 12,50 | 0,85 | 66,9 | 81,6 |
| 9 | 0,055 | 0,887 | ∽22,0 | 1,00 | 99,5 | 122,5 |

Rückwärtsturbine. (A.)

| Druckstufe | $p_a$ | $x$ | $v_1$, $v_3$ | $\varepsilon$ | $l_{a1}$ | $l_{a3}$ |
|---|---|---|---|---|---|---|
| 1 | 2,80 | 0,946 | { 0,61<br>0,68 | 0,20 | 14,2 | 37,3 |
| 2 | 0,58 | 0,954 | { 2,70<br>2,95 | 0,50 | 25,0 | 64,3 |

Aus $v$ und $\varepsilon$ unter B folgen die Schaufellängen:

I. $$l_{a_1} = 3{,}97 \cdot \frac{0{,}39 \cdot 1{,}08 \cdot 1000}{159 \cdot 0{,}10 \cdot 2{,}265 \cdot \pi} = 14{,}7 \text{ mm};$$

Für $\frac{c_{a_1}}{c_{a_2}} \backsim 1{,}11$ in allen Stufen (Vergl. S. 54 unten) folgt:

$l_{e_2} = 14{,}7 \cdot 1{,}11 = 16;\ l_{a_2} = 16 \cdot 1{,}11 = 18{,}1$ mm usw.

II. $$l_{a_1} = 3{,}97 \cdot \frac{0{,}59 \cdot 1{,}08 \cdot 1000}{112{,}5 \cdot 0{,}20 \cdot 2{,}69 \cdot \pi} = 13{,}3 \text{ mm},$$

$l_{e_2} = 13{,}3 \cdot 1{,}11 = 14{,}7$ mm: $l_{a_2} = 14{,}7 \cdot 11{,}1 = 16{,}4$ mm usw.

In der Tabelle III B sind die Längen der 1. und letzten Leitschaufel unter $l_{a_1}$ und $l_{a_2}$ eingetragen.

In analoger Ausbildung der Profile wie zu A folgt:

Für Stufe I: Profil $P = P_2, P_1, P_2, P_3;\ z_1 = \frac{2265 \cdot \pi}{12} = 594$ pro Kranz

„ „ II—VIII: „ $P_4, P_5, P_6;\ z_2 = \frac{2690 \cdot \pi}{12} = 705$ „ „

„ „ IX: „ $P_7, P_8, P_9;\ z_3 = \frac{2690 \cdot \pi}{15} = 564$ „ „

| | | | | |
|---|---|---|---|---|
| $P_0$ | Kranz- und Beaufschlagungszahl | = 0,1, | Schaufelzahl | = 0,1 · 594 = 59 |
| $P_1$ | | = 1,1, | „ | = 1,1 · 594 = 654 |
| $P_2$ | „ | = 1,1, | „ | = 1,1 · 594 = 654 |
| $P_3$ | „ | = 1,0, | „ | = 1,0 · 594 = 494 |
| $P_4$ | „ | = 3,55, | „ | = 3,55 · 705 = 2503 |
| $P_5$ | „ | = 10,55, | „ | = 10,55 · 705 = 7438 |
| $P_6$ | „ | = 7,0, | „ | = 7,0 · 705 = 4935 |
| $P_7$ | „ | = 1,0, | „ | = 1,0 · 564 = 564 |
| $P_8$ | „ | = 2,0, | „ | = 2,0 · 564 = 1128 |
| $P_9$ | „ | = 1,0, | „ | = 1,0 · 564 = 564 |
| | | | | zusammen = 18993. |

Da hier der Spannungsabfall in der 1. Stufe noch geringer ist als in Rechnung A, nämlich

$$\frac{p_1}{p_2} = \frac{11{,}5}{4{,}7} = 2{,}45, \text{ so ist } f_2 \backsim 1{,}1\ f_m,$$

d. h. das Austrittsende der Düse hat fast denselben Querschnitt wie deren engste Stelle, so dass sich die Ausführung der Düse nicht verlohnt, dafür würden wiederum Leitschaufeln in Düsensegmenten angeordnet.

## Rückwärtsturbine.

Diese sei für die Konstruktion des Längsschnitts der Turbine gemäss Rechnung A des Vorwärtsteils durchgeführt und bestehe aus 2 dreistufigen Rädern mit $D = 1700$ mittlerem Schaufelkranzdurchmesser zur Erzielung möglichst grossen Drehmoments.

$$\text{Für } n_R = 380 \text{ folgt } u = 33{,}85 \ \frac{\text{m}}{\text{Sek}}.$$

Das verfügbare Gesamtgefälle sei $Q = 124$ cal (s. S. 42), mithin für jedes Rad $q = 62$ cal.

$$AL_{iR} = K \cdot AL_{iV} = 0{,}3 \cdot 98 = 29{,}4 \text{ cal}$$

$$\eta = \frac{29{,}4}{124} = 0{,}237.$$

Der Verlustkoeffizient $\psi$ sei hier wiederum grösser als bei der Vorwärtsturbine angenommen zu $\psi = 0{,}8$ unter Berücksichtigung desselben Reibungs- und Stossverlustes an Leit- und Laufschaufeln mit Ausnahme des 1. Leitkanals, für letzteren sei $\varphi = 0{,}8$ wie für den Vorwärtsteil.

Nach Gleichung 12:

$$c_1 = \sqrt{8380 \cdot 62 \cdot 0{,}8} = 644{,}5 \ \frac{\text{m}}{\text{Sek}}.$$

Das Geschwindigkeitsdiagramm für $\alpha_1 = 18^0$, Fig. 11a, ergibt gemäss Gleichung 13:

$$AL_i = \frac{1000}{8380} \cdot \left[441{,}5 - 0{,}36 \cdot \left[378{,}2 + 211{,}6 + 114{,}6 + 57{,}3 + 26{,}2\right] - 10{,}8\right]$$

$$AL_i = 14{,}67 \text{ cal}, \ \eta_i = \frac{14{,}67}{62} = 0{,}238 \ (\backsim 0{,}237, \text{s. o.}).$$

Die Einzeichnung der Einzelgefälle und Verluste in das J.-S.-Diagramm mit

$$q = 62 \text{ cal}, \ \frac{A}{2g} \ (1 - \psi^2) \ \left[\Sigma\right] = \frac{0{,}36 \cdot 787400}{8380} = 33{,}9 \text{ cal}$$

$$\varphi q = 12{,}4 \text{ cal}, \ \frac{A}{2g} \ c''^2_2 = \frac{10800}{8380} = 1{,}3 \text{ cal}$$

führt auf $p_a = 0{,}58$ Atm. abs. und erzielt $Q = 119$ cal,

$$AL_i = 28{,}7 \text{ cal}, \ \eta_i = 0{,}24, \ K = \frac{28{,}7}{98} = 0{,}293,$$

somit mit genügender Annäherung an die oben vorgesehenen Werte. Die Ergebnisse für $p$, $x$ und $v$ siehe in Tabelle III.

Nach Gleichung 7 folgt:

$$\text{I. } l_{a_1} = 4{,}585 \cdot \frac{v \cdot 1{,}08 \cdot 1000}{c a_1 \cdot \varepsilon \cdot 1{,}70 \cdot \pi} = 930 \cdot \frac{0{,}61}{200 \cdot 0{,}20} = 14{,}2 \text{ mm}.$$

$$\text{Für } \frac{ca_1}{ca_2} = \frac{ca_2}{ca'_1} = \ldots = \frac{ca''_1}{ca''_2} = 1{,}24 \text{ folgt:}$$

$$l_{e_2} = 14{,}2 \cdot 1{,}24 = 17{,}6, \ l_{a_2} = 17{,}6 \cdot 1{,}24 = 21{,}8 \text{ u. s. w.}$$

$$\text{II. } l_{a_1} = 930 \cdot \frac{2{,}70}{200 \cdot 0{,}50} = 25{,}0; \ l_{e_2} = 25{,}0 \cdot 1{,}24 = 31{,}0 \text{ u. s. w.}$$

Im Unterschied von der Annahme bei der Vorwärtsturbine musste hier die Zunahme der spezifischen Volumina von $v_1 = 0{,}61$ auf $v_3 = 0{,}68$ und $v_1 = 2{,}7$ auf $v_3 = 2{,}95$ bei Berechnung von $l_{a3}$ berücksichtigt werden (vergl. Tabelle III.)

Anstatt Düsen seien wiederum nur in Düsensegmente eingegossene Leitschaufeln vorgesehen, wie bei dem 2.—6. Rad der Vorwärtsturbine genügen hier 3 Profile, die Schaufelanzahl ist für jeden Kranz ebenfalls dieselbe wie dort, folglich:

I. Rad:

| | | |
|---|---|---|
| 1. Leitschaufelkranz trägt Schaufeln m. Profil | $P_{11} = 0{,}2 \cdot 445 =$ | 89 |
| 2. Leit- u. 1. Lauf „ „ „ „ „ | $P_{12} = 1{,}2 \cdot 445 =$ | 534 |
| 3. „ „ 2. „ „ „ „ „ „ | $P_{13} = 1{,}2 \cdot 445 =$ | 534 |
| 3. „ „ „ „ „ „ | $P_{14} = 1{,}0 \cdot 445 =$ | 445 |

II. Rad:

| | | |
|---|---|---|
| 1. Leitschaufelkranz „ „ „ „ | $P_{11} = 0{,}5 \cdot 445 =$ | 223 |
| 2. Leit- u. 1. Lauf „ „ „ „ „ | $P_{12} = 1{,}5 \cdot 445 =$ | 667 |
| 3. „ „ 2. „ „ „ „ „ „ | $P_{13} = 1{,}5 \cdot 445 =$ | 667 |
| 3. „ „ „ „ „ „ | $P_{14} = 1{,}0 \cdot 445 =$ | 445 |

Die Gesamtschaufelzahl der Rückwärtsturbine = 3604.

Hierzu die Anzahl von 15295 der Vorwärtsturbine ergibt die Gesamtschaufelzahl von 18899 für eine Turbine.

Die Querschnitte für die Turbinenein- und Austrittskanäle erfolgen bei Annahme derselben Dampfgeschwindigkeiten wie bei der Zoelly- und Rateauturbine:

1. $$F_1 = G \cdot \frac{v}{c} = 4{,}585 \cdot \frac{0{,}18}{35{,}0} \cdot 10000 = 235{,}5 \text{ qcm}$$
$$d = 173 \text{ mm.}$$

2. $$F_2 = 4{,}585 \cdot \frac{22{,}00}{50{,}0} \cdot 10000 = 20150 \text{ qcm}$$
$$= 32 \text{ cm} \times 630 \text{ cm}$$
$$\text{bezw.} = 80 \text{ cm} \times 252 \text{ cm.}$$

Da die Abmessungen des Austrittskanals, quer zur Turbinenachse gemessen, zu gross sind, so muss die Längsabmessung (32 cm) verdoppelt werden, wenn nicht die Dampfaustrittsgeschwindigkeit verdoppelt werden soll; vorgesehen werde $F_2 = 64 \text{ cm} \times 315 \text{ cm}$,
bezw. $= 112 \text{ cm} \times 180 \text{ cm}$.

(Vergl. Längsschnitt der Curtisturbine Beilage IX Fig. 30.)

## IV. Parsonsturbine.

(Nach Dln. S. 83 pp.)

Angenommen 5 Expansionsgruppen, bei denen dasselbe Expansionsverhältnis einzuhalten ist, d. h.:

$$\frac{\text{Endvolumen } v_{a5}}{\text{Anfangsvol. } v_{e1}} = C = \sqrt[5]{\frac{20,0}{0,18}} = \sqrt[5]{111} = 2,565, \text{ folglich:}$$

| | | | | |
|---|---|---|---|---|
| I. | $v_{e1} = \ldots\ldots\ldots = 0,180 \frac{\text{cbm}}{\text{kg}}$, | dazu $p_{e1} = 11,5$ Atm. abs. | $t_1 = 195^0$ |
| II. | $v_{e2} = v_{a1} = 2,565 \cdot 0,18 = 0,462$ „ | „ $p_{a1} = 4,0$ „ | $x_1 = 0,980$ |
| III. | $v_{e3} = v_{a2} = 2,565 \cdot 0,462 = 1,185$ „ | „ $p_{a2} = 1,4$ „ | $x_2 = 0,951$ |
| IV. | $v_{e4} = v_{a3} = 2,565 \cdot 1,185 = 3,030$ „ | „ $p_{a3} = 0,48$ „ | $x_3 = 0,925$ |
| V. | $v_{e5} = v_{a4} = 2,565 \cdot 3,030 = 7,830$ „ | „ $p_{a4} = 0,17$ „ | $x_4 = 0,900$ |
| | $v_{a5} = 2,565 \cdot 7,830 = 20,1$ „ | „ $p_{a5} = 0,064$ „ | $x_5 = 0,880$ |

nach der im J.-S.-Diagramm (Beilage IV Fig. 17) zunächst zwischen $p_{e1}, t_1$ und $p_{a5}, x_5$ geradlinig angenommenen Expansion mit dem Ergebnis:

$$Q = 184 \text{ cal}, \; A\,L_i = 121 \text{ cal}, \; \eta_i = 0,66.$$

Diese vollbeaufschlagte Überdruckturbine sei wiederum für konstante Schaufelwinkel und dann für konstante Schaufellänge durchgerechnet:

A. Rechnung für konstante Winkel bezw. gleiche Schaufelprofile. Bei Annahme konstanten mittleren Schaufelkranzdurchmessers sind auch die Geschwindigkeitsdiagramme innerhalb einer jeden Gruppe einander gleich.

Für Reaktionsgrad $= \frac{1}{2}$ folgt:

$$(15) \quad A \cdot \frac{c_1^2 - c_2^2}{2g} = A \cdot \frac{w_2^2 - w_1^2}{2g},$$

somit:

$$c_1 = w_2; \; \alpha_1 = \beta_2,$$
$$w_1 = c_2; \; \beta_1 = \alpha_2,$$

es braucht somit nur die Hälfte der Geschwindigkeitsdiagramme — ein Dreieck — gezeichnet zu werden.

Bei Annahme gleicher Verluste innerhalb von Leit- und Laufkanälen folgt:

$$(16) \quad \frac{A}{2g} \cdot \left[2s\,c_1^2 - (2s-1)\,c_2^2\right] = \mu\,(1-\varphi) \cdot Q \quad \text{(s. Dln. S. 43 Gl. 7).}$$

$$(17) \quad \eta_i = \frac{A\,L_i}{Q} = \mu\,(1-\varphi) - \frac{A}{2g} \cdot \frac{c_2^2}{Q} \quad \text{(s. Dln. S. 45—46)}$$

für $\frac{A}{2g}\,c_2^2 = 1-2$ cal ist $\frac{A}{2g}\,\frac{c_2^2}{Q} = \frac{2}{118} \backsim 0.$

Versuchsrechnungen führten

1. zur Annahme $\mu = 1,03$, so dass unter vorläufiger Annahme von $\eta_i = 0,66$ Gleichung 17

$$1-\varphi = \frac{\eta_i}{\mu} = 0,64,$$

somit einen hohen Verlustkoeffizienten $\varphi = 0,36$ ergibt;

2. zur Annahme der in folgender Tabelle IV angegebenen Stufenzahlen der einzelnen Gruppen, folglich:

Gruppe I:

$$c_1 = \sqrt{\frac{2g}{A} \cdot \frac{(1-\varphi)\ \mu \cdot Q}{2s} + \frac{2s-1}{2s} \cdot c_2^2}, \quad \text{(Vergl. Gl. 1 S. 33)}$$

$$= \sqrt{A + B\ c_2^2} \quad \ldots\ldots\ldots, \quad \text{(Vergl. Gl. 1a S. 33)};$$

für
$$\frac{Q}{2s} = 0{,}8 \text{ cal} \quad \text{(s. Tab. IV)}$$

folgt $A = 0{,}64 \cdot 1{,}03 \cdot 8380 \cdot 0{,}8 = 5540 \cdot 0{,}8 = 4425;$

für
$$2s = 60 \text{ folgt } B = \frac{60-1}{60} = 0{,}985\,.$$

Nach mehreren Annahmen von $c_2$ ergab diejenige von $c_2 = 45 \frac{\text{m}}{\text{Sek}}$:

$$c_1 = \sqrt{4425 + 1995} = 80{,}1 \frac{\text{m}}{\text{Sek}};$$

$$\text{und } \alpha_1 = \beta_2 = 15^0,\ u = 38 \quad ,, \ .$$

$A L_i = \mu\ (1-\varphi)\ Q_I = 1{,}03 \cdot 0{,}64 \cdot 48 = 31{,}6$ cal zur Einzeichnung in Fig. 17, da die Einzelgefälle zu klein hierfür sind. Die Konstruktion des Geschw.-Dreiecks s. Fig. 18 I.

$$q_1 = \frac{c_1^2}{1-\varphi} \cdot \frac{A}{2g} = \frac{6420}{0{,}64 \cdot 8380} = 1{,}2 \text{ cal}$$

$$\varphi q_1 = 0{,}36 \cdot 1{,}2 = \ldots\ldots = 0{,}43 \text{ cal}$$

$$q_n = \frac{c_1^2 - c_2^2}{1-\varphi} \cdot \frac{A}{2g} = \frac{6420-2030}{0{,}64 \cdot 8380} = 0{,}82 \text{ cal}$$

$$\varphi q_n = 0{,}36 \cdot 0{,}82 = \ldots\ldots = 0{,}30 \text{ cal}$$

$$\frac{A}{2g}\ c_2^2 = \frac{2025}{8380} = \ldots\ldots = 0{,}24 \text{ cal.}$$

Gruppe II:

für $\frac{Q}{2s} = 1{,}1$ (s. Tabelle IV) folgt $A = 5540 \cdot 1{,}1 = 6094$,

für $2s = 38$, . . . . . . . . folgt $B = \frac{38-1}{38} = 0{,}975$,

somit
$$c_1 = \sqrt{6094 + 0{,}975 \cdot 3030} = 95{,}0 \frac{\text{m}}{\text{Sek}},$$

$$A L_i = 1{,}03 \cdot 0{,}64 \cdot 42 = 27{,}7 \text{ cal}$$

zur Einzeichnung in das J.-S.-Diagramm Fig. 17. Für Geschwindigkeitsdreieck Fig. 18 II ergab die Annahme $c_2 = 55 \frac{\text{m}}{\text{Sek}}$

$$\alpha_1 = 18^0 \text{ und } u = 44 \frac{\text{m}}{\text{Sek}}.$$

$$q_1 = 1{,}69 \text{ cal}, \quad q_n = 1{,}125 \text{ cal}, \quad \frac{A}{2g} c_2^2 = 0{,}36 \text{ cal},$$
$$\varphi q_1 = 0{,}61 \text{ cal}, \quad \varphi q_n = 0{,}405 \text{ cal}.$$

Gruppe III:

für $\frac{Q}{2s} = 1{,}425$ cal (s. Tab. IV): $A = 5540 \cdot 1{,}425 = 7900$

für $2s = 28$ u. $c_2 = 65 \frac{\text{m}}{\text{Sek}}$ : $B = \frac{28-1}{28} = 0{,}965$ folgt:

$$c_1 = \sqrt{7900 + 0{,}965 \cdot 4225} = 109{,}3 \frac{\text{m}}{\text{Sek.}}$$
$$AL_i = 1{,}03 \cdot 0{,}64 \cdot 40 = 26{,}4 \text{ cal};$$
$$\alpha_1 = 22^0, \; u = 50 \frac{\text{m}}{\text{Sek.}} \text{ (Fig. 18 III)},$$
$$q_1 = 2{,}24 \text{ cal}, \quad q_n = 1{,}45 \text{ cal}, \quad \frac{A}{2g} c_2^2 = 0{,}49 \text{ cal},$$
$$\varphi q_1 = 0{,}81 \text{ cal}, \quad \varphi q_n = 0{,}52 \text{ cal}.$$

Gruppe IV:

$\frac{Q}{2s} = 2{,}16$ cal: $A = 5540 \cdot 2{,}16 \infty 12000$

$2s = 16, \; c_2 = 85 \frac{\text{m}}{\text{Sek.}}$: $B = \frac{16-1}{16} = 0{,}94$

$$c_1 = \sqrt{12000 + 0{,}94 \cdot 7230} = 137 \frac{\text{m}}{\text{Sek.}}$$
$$AL_i = 1{,}03 \cdot 0{,}64 \cdot 34{,}6 = 22{,}8 \text{ cal}.$$
$$\alpha_1 = 27^0, \; u = 64 \frac{\text{m}}{\text{Sek.}} \text{ (Fig. 18 IV)}$$
$$q_1 = 3{,}5 \text{ cal}, \quad q_n = 2{,}16 \text{ cal}, \quad \frac{A}{2g} c_2^2 = 0{,}85 \text{ cal},$$
$$\varphi q_1 = 1{,}27 \text{ cal}, \quad \varphi q_n = 0{,}78 \text{ cal}.$$

Gruppe V:

$\frac{Q}{2s} = 2{,}95$ cal: $A = 5540 \cdot 2{,}95 = 16350$

$2s = 10, \; c_2 = 110 \frac{\text{m}}{\text{Sek.}}$: $B = \frac{10-1}{10} = 0{,}9.$

$$c_1 = \sqrt{16350 + 0{,}9 \cdot 12100} = 165{,}0 \frac{\text{m}}{\text{Sek.}}$$
$$AL_i = 1{,}03 \cdot 0{,}64 \cdot 29{,}5 = 19{,}45 \text{ cal}$$
$$\alpha_1 = 33^0, \; u = 75 \frac{\text{m}}{\text{Sek.}} \text{ (Fig. 18 V)}.$$
$$q_1 = 5{,}10 \text{ cal}, \quad q_n = 2{,}83 \text{ cal}, \quad \frac{A}{2g} c_2^2 = 1{,}45 \text{ cal},$$
$$\varphi q_1 = 1{,}83 \text{ cal}, \quad \varphi q_n = 1{,}02 \text{ cal}.$$

Hierbei wurden die verfügbaren Wärmegefälle $Q_{\mathrm{I}}-Q_{\mathrm{V}}$ aus Fig. 17 so gross genommen, dass die anfangs dieser Rechnung angenommenen Volumina und Spannungen eingehalten wurden. Die pro Gruppe erhaltenen „indizierten Leistungen" $AL_i$ sind in Fig. 17 als zweite, und zwar unter Berücksichtigung der Auslassverluste gebrochene Linie eingezeichnet; diese führt auf den angenommenen Enddruck $p_a = 0{,}064$ Atm. abs. bei $Q = 184$ cal, $AL_i = 127{,}5$ cal,

$$\eta_i = 0{,}695,$$

hieraus: $$D_i = \frac{632{,}3}{127{,}5} = 4{,}955 \; \frac{\text{kg}}{\text{PS}_\text{i}, \text{ St.}},$$

$$D = 4{,}955 \cdot 5100 = 25250 \; \frac{\text{kg}}{\text{St.}} \text{ für beide Turbinen,}$$

$$G = \frac{1}{2} \cdot \frac{25250}{3600} = 3{,}52 \; \frac{\text{kg}}{\text{Sek.}} \text{ für eine Turbine.}$$

Tabelle IV.

| | | | | A. | | | | | | | | | | | B. |
|---|---|---|---|---|---|---|---|---|---|---|---|---|---|---|---|
| Gr. | $Q$ | $2s$ | $\frac{Q}{2s}$ | $p_{a_1}$ | $x_{a_1}$ | $v_{a_1}$ | $p_{a_n}$ | $x_{a_n}$ | $v_{a_n}$ | $l_{a_1}$ | $l_{a_n}$ | $\alpha_1$ | $u$ | $D^m$ | $l$ |
| I. | 48 | 60 | 0,8 | 11,3 | t=193° | 0,183 | 3,9 | 0,974 | 0,46 | 7,5 | 18,8 | 15 | 38 | 1,440 | 7,8 |
| II. | 42 | 38 | 1,1 | 3,8 | 0,970 | 0,47 | 1,4 | 0,942 | 1,05 | 11,8 | 26,2 | 18 | 44 | 1,663 | 14,7 |
| III. | 40 | 28 | 1,425 | 1,39 | 0,940 | 1,20 | 0,46 | 0,913 | 3,10 | 18,7 | 48,4 | 22 | 50 | 1,890 | 27,8 |
| IV. | 34,6 | 16 | 2,16 | 0,43 | 0,911 | 3,50 | 0,172 | 0,890 | 8,10 | 28,5 | 65,9 | 27 | 64 | 2,420 | 54,7 |
| V. | 29,5 | 10 | 2,95 | 0,15 | 0,886 | 9,50 | 0,064 | 0,867 | 20,00 | 43,6 | 94,0 | 33 | 75 | 2.835 | 105 |

$\Sigma = 194{,}1$

152 : 2 = 76 Leiträder; $D = \frac{60 \cdot u}{\pi \cdot n}$ für $n = 505$ als mittlerer Kranzdurchmesser. 76 Laufräder.

$p_{a_1}$ $x_{a_1}$ $v_{a_1}$ bestimmen den Dampfzustand am Austritt des ersten Leitrades, $p_{a_n}$ $x_{a_n}$ $v_{a_n}$ denjenigen am Austritt des letzten Laufrades (bezw. Eintritt des folgenden ersten Leitrades); für $\varepsilon = 1$ (konst. für alle 5 Gruppen):

I. $$l_{a_1} = 3{,}52 \, \frac{0{,}183 \cdot 1{,}08 \cdot 1000}{20{,}5 \cdot 1 \cdot 1{,}440 \cdot \pi} = 7{,}5 \text{ mm Länge a. Austritt d. 1. Leitschfl.}$$

$$l_{a_{30}} = 3{,}52 \, \frac{0{,}46 \cdot 1{,}08 \cdot 1000}{20{,}5 \cdot 1 \cdot 1{,}440 \cdot \pi} = 18{,}8 \text{ „ „ „ „ „ 30. Laufschfl.}$$

II. $$l_{a_1} = 3{,}52 \, \frac{0{,}47 \cdot 1{,}08 \cdot 1000}{29{,}0 \cdot 1 \cdot 1{,}663 \cdot \pi} = 11{,}8 \text{ „ „ „ „ „ 1. Leitschfl.}$$

$$l_{a_{19}} = 3{,}52 \, \frac{1{,}05 \cdot 1{,}08 \cdot 1000}{29{,}0 \cdot 1 \cdot 1{,}633 \cdot \pi} = 26{,}3 \text{ „ „ „ „ „ 19. Laufschfl.}$$

III. u. s. w. s. Tabelle unter $l_{a_1}$ und $l_{a_n}$.

Schaufelbreite $b = 15$ mm für $l \leqq 100$ (101.) mm,
Schaufelteilung $t = 12$ „ ,

folglich nur 5 Profile, wenn dasjenige der Lauf- gleich demjenigen der Leitschaufel gemacht wird.

Schaufelzahl pro Kranz $z_1 = \frac{1440 \cdot \pi}{12} = 377$; 60 Kränze : 22620 Schaufeln

„ $z_2 = \frac{1663 \cdot \pi}{12} = 436$; 38 „ : 16550 „

„ $z_3 = \frac{1890 \cdot \pi}{12} = 495$; 28 „ : 13850 „

„ $z_4 = \frac{2420 \cdot \pi}{12} = 635$; 16 „ : 10130 „

„ $z_5 = \frac{2835 \cdot \pi}{12} = 743$; 10 „ : 7430 „

Gesamtschaufelzahl der Vorwärts-Turbine : 70580.

Profil I—V ist Fig. 18 I—V entspr. auszubilden (VI Fig. 32 a.)

B. Rechnung für Bedingung konstanter Schaufellänge (Dln. S. 88).

Aus A sei entnommen: $\varphi = 0{,}36$, $\mu = 1{,}03$ und die Werte der Reihen für $Q$, $2s$, $\frac{Q}{2s}$, $u$, $D$, $p_{a_2}$ aus Tabelle IV.

Für alle 5 Gruppen sei $\alpha_1 = 15^0$ der Austrittswinkel des 1. Leitrades; demnach ist der Rechnung A noch zu entnehmen:

für Gruppe I:

$$c_1 = 80{,}1 \frac{\text{m}}{\text{Sek}};\ q_1 = 1{,}2 \text{ cal},\ \varphi q_1 = 0{,}43 \text{ cal};$$

$$p_{a_1} = 11{,}3;\ t_{a_1} = 193^0;\ v_{a_1} = 0{,}183 \frac{\text{cbm}}{\text{kg}}.$$

Die zu A benutzte Hauptgleichung in der Form

$$\text{(16a)} \quad \frac{A}{2g} c_1^2 + (2s-1) \cdot (1-\varphi) \cdot q_n = (1-\varphi) \cdot \mu \cdot Q$$

ergibt

$$\frac{80{,}1^2}{8380} + 59 \cdot 0{,}64 \cdot q_n = 0{,}64 \cdot 1{,}03 \cdot 48$$

$$q_n = \frac{31{,}6 - 0{,}766}{59 \cdot 0{,}64} = 0{,}819 \text{ cal},$$

d. h. fast denselben Wert für $q_n$ wie in A.

Aus der Bedingungsgleichung für konstante Schaufellängen:

$$\frac{c_{a_2}^s}{c_{a_1}^1} = \frac{v_{a_2}^s}{v_{a_1}^1}$$

folgt die Achsialkomponente der Dampfaustrittsgeschwindigkeit aus dem letzten (30ten) Laufrad:

$$c_{a_2}^s = c_{a_1}^1 \cdot \frac{v_{a_2}^s}{v_{a_1}^1} = 20{,}5 \cdot \frac{0{,}460}{0{,}183} = 51{,}5 \frac{\text{m}}{\text{Sek}}.$$

Die Konstruktion der Diagrammserie (Fig. 20 I—V) erfolgt (nach Dln. S. 51—52) gemäss folgenden Gleichungen:

(18.) $$w_2^2 = w_1^2 + \frac{2g}{A}(1-\varphi)\, q_n = w_1^2 + m^2$$

(19.) $$c_2^2 = c_1^2 + \frac{2g}{A}(1-\varphi)\, q_n = c_1^2 + m^2$$

(20.) $$m = \sqrt{\frac{2g}{A}(1-\varphi)\cdot q_n} = \sqrt{8380 \cdot 0{,}64 \cdot 0{,}819} \backsim 66{,}2 \frac{\text{m}}{\text{Sek}}.$$

Die Konstruktion müsste unter Berechnung der einzelnen auf einander folgenden $c_a$ genau dnrchgeführt werden (s. Fig. 20 V); in dieser und den folgenden Fig. I—IV ist aber die Annahme einer Vergrösserung der spezifischen Volumina $v$ proportional der Stufenzahl $s$ der angenäherten Konstruktion mit genügender Genauigkeit zugrunde gelegt:

Die Strecke A B in achsialer Richtung zwischen den Spitzen des 1. und letzten (60.) Dreiecks ist in 59 gleiche Teile geteilt, um somit die Spitzen von 60 Dreiecken zu erhalten, von denen je 30 symmetrisch zu einer die Strecke zu halbierenden Achse stehen.

Der letzte Austrittsverlust $\frac{A}{2g} c_2^2 = 0{,}496$ cal ist im J.-S.-Diagramm Fig. 19 berücksichtigt.

Gruppe II:

Aus der zu I gegebenen Hauptgleichung unter Benutzung des in A ermittelten Wertes $q_n = 1{,}13$ folgt:

$$c_1 = \sqrt{(0{,}64 \cdot 1{,}03 \cdot 42 - 37 \cdot 0{,}64 \cdot 1{,}13) \cdot 8380} = 91{,}5 \frac{\text{m}}{\text{Sek}},$$

$$\left(m = \sqrt{\frac{2g}{A}(1-\varphi)\, q_n} = \sqrt{0{,}64 \cdot 1{,}13 \cdot 8380} = 77{,}5 \frac{\text{m}}{\text{Sek}}\right)$$

$$c_{a_2}{}^s = 24{,}0 \cdot \frac{1{,}05}{0{,}47} = 53{,}8\,;$$

$(c_{a_2}{}^s - c_{a_1})$ in 37 Teile geteilt ergibt 38 Dreieckspitzen.

$$\frac{A}{2g}(c_2{}^s)^2 = 0{,}585 \text{ cal} \qquad \text{(s. J.-S.-Diagramm.).}$$

Gruppe III:

$q_n = 1{,}45$ cal aus A:

$$c_1 = \sqrt{(0{,}64 \cdot 1{,}03 \cdot 40 - 27 \cdot 0{,}64 \cdot 1{,}45) \cdot 8380} = 108{,}0 \frac{\text{m}}{\text{Sek}}$$

$$c_{a}{}^s{}_2 = 28{,}5 \cdot \frac{3{,}10}{1{,}20} = 73{,}6 \frac{\text{m}}{\text{Sek}},$$

Strecke $(c_{a_2}{}^s - c_{a_1})$ in 27 Teile für 28 Dreiecke.

IV. Gruppe:

$q_n = 2{,}16$ cal aus A.

$$c_1 = \sqrt{(0{,}64 \cdot 1{,}03 \cdot 34{,}3 - 15 \cdot 0{,}64 \cdot 2{,}16) \cdot 8380} = 124{,}5 \frac{\text{m}}{\text{Sek}},$$

$$ca^s_2 = 33{,}0 \cdot \frac{8{,}10}{0{,}35} = 76{,}4 \frac{\text{m}}{\text{Sek}},$$

Strecke $(ca_2^s - ca_1)$ in 15 Teile für 16 Dreiecke.

V. Gruppe;

$q_n = 2{,}83$ cal aus A:

$$c_1 = \sqrt{(0{,}64 \cdot 1{,}03 \cdot 29{,}0 - 9 \cdot 0{,}64 \cdot 2{,}83) \cdot 8380} = 153{,}3 \frac{\text{m}}{\text{Sek}}$$

$$\frac{A}{2g} \cdot (c_2^s)^2 = \frac{157{,}0^2}{8380} = 2{,}94 \text{ cal}$$

$$m = \sqrt{8380 \cdot 0{,}64 \cdot 2{,}83} = 123{,}0 \frac{\text{m}}{\text{Sek.}}$$

$$q_1 = \frac{A}{2g} \cdot \frac{c_1^2}{1-\varphi} = \frac{2{,}8}{0{,}64} = 4{,}39 \text{ cal}, \quad q_n = \frac{A}{2g} \cdot \frac{c_1^2 - c_2^2}{1-\varphi} = \frac{A}{2g} \cdot \frac{w_2^2 - w_1^2}{1-\varphi}$$

$$\varphi q_1 = 0{,}36 \cdot 4{,}39 = 1{,}575 \text{ cal}, \quad q_n = \frac{148^2 - 83^2}{8380 \cdot 0{,}64} = 2{,}81 \text{ cal}$$

(s. Fig. 19) $\qquad \varphi q_n = 0{,}36 \cdot 2{,}81 = 1{,}01$ cal.

Die Diagrammserie ist angenähert und genau konstruiert zum Vergleich; letztere Konstruktion ist für diese Gruppe erforderlich, und es wurden hierfür dem Diagramm Fig. 19 folgende Werte entnommen:

Tabelle IVa.

| $2s$ | $p$ | $x$ | $v$ | $c_a$ |
|---|---|---|---|---|
| 1 | 0,150 | 0,889 | 9,5 | 40,0 |
| 2 | 0,135 | 7 | 10,2 | 42,9 |
| 3 | 0,121 | 5 | 11,0 | 46,2 |
| 4 | 0,111 | 4 | 12,0 | 50,5 |
| 5 | 0,101 | 2 | 13,0 | 54,6 |
| 6 | 0,092 | 0 | 14,5 | 61,0 |
| 7 | 0,083 | 0,878 | 16,0 | 67,2 |
| 8 | 0,076 | 6 | 17,5 | 73,6 |
| 9 | 0,070 | 4 | 19,0 | 80,0 |
| 10 | 0,063 | 2 | 20,5 | 86,2 |

Der Dampfverbrauch:

$$D_i = \frac{632{,}3}{123} = 5{,}15 \frac{\text{kg}}{\text{PS}_i \text{ St.}}$$

$$D = 5{,}15 \cdot 5100 = 26250 \frac{\text{kg}}{\text{St.}} \text{ f. 2 Turbinen;}$$

$$G = \frac{1}{2} \cdot \frac{26250}{3600} = 3{,}64 \frac{\text{kg}}{\text{Sek.}} \text{ f. 1 Turbine}$$

ist fast derselbe wie zu A.

$$\text{I.} \quad l_1 = 3{,}64 \cdot \frac{0{,}183 \cdot 1{,}08 \cdot 1000}{20{,}5 \cdot 1 \cdot 1{,}44 \cdot \pi} = 7{,}8 \text{ mm}$$

$$l_{60} = 3{,}64 \cdot \frac{0{,}460 \cdot 1{,}08 \cdot 1000}{51{,}5 \cdot 1 \cdot 1{,}44 \cdot \pi} = 7{,}8 \text{ „}$$

$$\text{II.} \quad l_{1-38} = 3{,}64 \cdot \frac{1{,}05 \cdot 1{,}08 \cdot 1000}{53{,}8 \cdot 1 \cdot 1{,}663 \cdot \pi} = 14{,}7 \text{ „}$$

} $l$ für alle Stufen 1—60 sind einander gleich.

u. s. w. s vorstehende Tabelle IV unter B.

Bei Schaufelbreite und -Teilung $b_1 = 15$ mm, $t_1 = 12$ mm für $l$ bis 113 mm ergibt dieselben Schaufelzahlen wie zu A; wird $b_2 = 25$ mm und $t_2 = 15$ mm für $l > 100$ wie bisher angenommen, so ergibt die letzte Gruppe V: $\frac{2835 \cdot \pi}{15} = 594$ anstatt 743 Schaufeln pro Kranz, im Ganzen somit $(743 - 594) \cdot 10 = 1490$ Schaufeln weniger.

$\alpha$.

Zur Vermeidung von 152 verschiedenen Schaufelprofilen könnte für je 10 Stufen der I. Gruppe ein mittleres Profil, mithin hier 6 Profile vorgesehen werden,

| | | | | | |
|---|---|---|---|---|---|
| | I: | | | | 6 |
| in Gruppe | II | für je 8 | Stufen ein, | im Ganzen | 5 Profile |
| „ „ | III | „ „ 6 | „ | „ „ „ | 5 „ |
| „ „ | IV | „ „ 5 | „ | „ „ „ | 3 „ |
| „ „ | V | „ „ 3 | „ | „ „ „ | 3 „ |
| | | für die Vorwärtsturbine: | | | 22 Profile. |

$\beta$.

Für die ersten Schaufelkränze aller 5 Gruppen ist $\alpha_1 = 15^0$ angenommen worden. Ausserdem stimmen die übrigen Winkel in den 5 Geschwindigkeits-Diagrammen Fig. 20 I—V für die ersten Kränze aller 5 Gruppen einerseits sowie für deren letzte Kränze andererseits fast genau miteinander überein, und dies dürfte auch für mittlere Schaufelkränze der 5 Gruppen zutreffen. Die 10 Profile der V. Gruppe könnten somit in jeder vorhergehenden als mittlere Profile mit mindestens derselben Genauigkeit wie bei Annahme „$\alpha$“ Verwendung finden. Dies ergibt nur 10 Profile anstatt 22. —

### Rückwärtsturbine,
berechnet nach A:

Dieser Turbinenteil bestehe aus 3 Stufengruppen von $D_1 = 1400$, $D_2 = 1550$, $D_3 = 1700$ mm mittleren Schaufelkranzdurchmessern, d. h. $n = 380$ entsprechend $u_1 = 27{,}8$, $u_2 = 30{,}9$, $u_3 = 33{,}8 \frac{\text{m}}{\text{Sek}}$

$$AL_{iR} = K \cdot AL_{iV} = 0{,}3 \cdot 127{,}5 = 38{,}25 \text{ cal,}$$

mithin für $Q = 124$ cal, $\eta_i = 0{,}308$.

$$\frac{\eta_i}{\mu} = \frac{0{,}308}{1{,}03} = 0{,}3 = 1 - \varphi, \quad \varphi = 0{,}7.$$

Die Bedingung gleicher Expansionsgrade der einzelnen Gruppen

$$\frac{v_{a3}}{v_{e1}} = \sqrt[3]{\frac{3{,}00}{0{,}18}} = 2{,}555$$

entsprechend der zunächst gradlinig nach Punkt A verlaufend angenommenen Expansionslinie ergibt

$$v_{a_1} = v_{e_2} = 2{,}555 \cdot 0{,}18 = 0{,}46,\ p_{a_1} = 4{,}2,\ t_{a_1} = 150^0$$

$$v_{a_2} = v_{e_3} = 2{,}555 \cdot 0{,}46 = 1{,}175,\ p_{a_2} = 1{,}52,\ t_{a_2} = 117^0$$

$$\text{(Punkt A)}\ v_{a_3} = 2{,}555 \cdot 1{,}175 = 3{,}000,\ p_{a_3} = 0{,}56,\ x_{a_3} = 1.$$

Diesen Druckgefällen entsprechen die Wärmegefälle

$Q_1 = 46$ cal, somit für $2s = 18$ folgt $q_1 = 2{,}55$ cal, $AL_{i_1} = 14.2$

$Q_2 = 39$ „ „ „ $2s = 10$ „ $q_2 = 3{,}90$ „ $AL_{i_2} = 12{,}0$

$Q_3 = 39$ „ „ „ $2s = 6$ „ $q_3 = 6{,}50$ „ $AL_{i_3} = 12{,}0.$

Zur Berechnung von $c_1$ folgt aus Gleichung 16

$$c_1 = \sqrt{\frac{A}{1 - B \cdot f^2}},$$

worin $f = \frac{c_2}{c_1}$, und zwar $f_1 = 0{,}78$, $f_2 = 0.82$ und $f_3 = 0{,}85$ die günstigsten Verhältnisse zur Erzielung brauchbarer Geschwindigkeitsdreiecke für die drei Gruppen sind. Die Figuren 18a I, II, III ergeben

$$c_1 = w_2 = 124{,}5 \text{ bezw. } 160 \text{ bezw. } 206 \ \frac{\text{m}}{\text{Sek}}$$

$$c_2 = w_1 = 97{,}3 \quad „ \quad 131 \quad „ \quad 175 \quad „ \,.$$

Die Einzelgefälle und deren Verluste folgen zu

$$q_1 = 6{,}20 \text{ bezw. } 10{,}15 \text{ bezw. } 16{,}90 \text{ cal}$$

$$\varphi q_1 = 4{,}34 \quad „ \quad 7{,}10 \quad „ \quad 11{,}83 \quad „$$

$$q_n = 2{,}42 \quad „ \quad 3{,}35 \quad „ \quad 4{,}73 \quad „$$

$$\varphi q_n = 1{,}69 \quad „ \quad 2{,}35 \quad „ \quad 3{,}30 \quad „$$

$$\frac{A}{2g} \cdot c_2^2 = 1{,}13 \quad „ \quad 2{,}05 \quad „ \quad 3{,}65 \quad „ \,,$$

deren Einzeichnung in das J.-S.-Diagramm Fig. 21 liefert

$p_{a_3} = 0{,}52$ Atm. abs., $x = 0{,}994$, $Q = 121{,}5$ cal, $AL_i = 39$ cal,

$$\eta_i = 0{,}32, \text{ somit } K = \frac{39}{127{,}5} = 0{,}306,$$

in genügender Übereinstimmung mit den beabsichtigten Werten.

$$\text{I.}\quad l_{a_1} = 3{,}52 \cdot \frac{v_{a_1} \cdot 1{,}08 \cdot 1000}{20{,}5 \cdot 1 \cdot 1{,}40 \cdot \pi} = 42{,}2 \cdot 0{,}20 = 8{,}5 \text{ mm}$$

$$l_{a_{18}} = 42{,}2 \cdot 0{,}48 = 20{,}3 \quad „$$

$$\text{II.}\quad l_{a_1} = 3{,}52 \cdot \frac{v_{a_1} \cdot 1{,}08 \cdot 1000}{52{,}5 \cdot 1 \cdot 1{,}55 \cdot \pi} = 14{,}90 \cdot 0{,}60 = 9{,}0 \quad „$$

$$l_{a_{10}} = 14{,}90 \cdot 1{,}20 = 18{,}0 \quad „$$

$$\text{III.}\quad l_{a_1} = 3{,}52 \cdot \frac{v_{a_1} \cdot 1{,}08 \cdot 1000}{74 \cdot 1 \cdot 1{,}70 \cdot \pi} = 9{,}64 \cdot 1{,}70 = 16{,}4 \quad „$$

$$l_{a_6} = 9{,}64 \cdot 3{,}15 = 30{,}3 \quad „$$

Schaufelbreite $b = 15$ mm, Teilung $t = 12$ mm, 3 Profile; Schaufelzahl:

$$\begin{array}{lrcl} \text{I.} & 18 \cdot 367 & = & 6606 \\ \text{II.} & 10 \cdot 406 & = & 4060 \\ \text{III.} & 6 \cdot 445 & = & \underline{2670} \end{array}$$

Summa = 13336 Schaufeln für den Rückwärtsteil,
dazu . 70580 Schaufeln für den Vorwärtsteil,
mithin . 83916 Schaufeln für die ganze Turbine.

Die Querschnitte für die Turbinen-Ein- und -Austrittskanäle bei den Dampfgeschwindigkeiten 35 bezw. 50 $\frac{\text{m}}{\text{Sek}}$ sind:

$$F_1 = 3{,}52 \cdot \frac{0{,}18}{35} \cdot 10000 = 181 \text{ qcm}, \; d = 152 \text{ mm};$$

$$F_2 = 3{,}52 \cdot \frac{20{,}5}{50} \cdot 10000 = 14450 \;\text{,,}\; = 32 \text{ cm} \times 451 \text{ cm}$$

$$\text{bezw. } 80 \;\text{,,}\; \times 181 \;\text{,,}\; .$$

Die Querabmessung des Dampfaustritts muss auch hier auf die Hälfte verringert werden, indem der achsial gemessene Abstand zwischen den letzten Schaufeln des Vor- und Rückwärtsteils auf 64 cm verdoppelt wird (vergl. S. 61); der Austrittsflansch erhält somit die lichten Weiten 112 cm × 129 cm. (Vergl. Längsschnitt der Parsonsturbine, Beilage X Fig. 32.)

## V. Kombination von Druck- und Überdruckturbine, System: Melms-Pfenninger.

Der erste Teil der Expansion erfolgt in der I.—III. Druckstufe der unter III A berechneten Druckturbine, von $p_e = 11{,}5$ Atm. abs $t_e = 195$ auf $p = 1{,}4$ Atm. abs, den Enddruck der II. Stufengruppe der Parsonsturbine (s. IV A), jedoch mit $x = 0{,}975$. Die I.—III. Druckstufe des J.-S.-Diagramms III, Fig. 12 ist auf Beilage V Fig. 22 übertragen:

$$Q_0 = 88 \text{ cal}; \; AL_i = 41 \text{ cal}; \; \eta_i = 0{,}466.$$

Der zweite Teil der Expansion beginnt bei diesem Zustand unter Verwendung der Gefälle und Geschwindigkeitsdreiecke der Stufengruppe III und IV der Parsonsturbine A und führt auf $p_a = 0{,}188$, $x = 0{,}92$.

Für das Expansionsende auf $p_a = 0{,}062$ stehen noch $Q = 34{,}6$ cal zur Verfügung, denen die Wiederholung der IV. Gruppe oder die Gruppe V mit einer Expansion auf nur 0,074 Atm. abs. genügen würde. Im letzteren Fall ist für die Überdruckturbine:

$$Q = 102{,}5 \text{ cal}, \; AL_i = 69 \text{ cal}; \; \eta_i = 0{,}673$$

und für die ganze Turbine:

$$Q = 181{,}5 \text{ cal}; \; AL_i = 110 \text{ cal}; \; \eta_i = 0{,}608$$

$$D_i = \frac{632{,}3}{110} = 5{,}75 \; \frac{\text{kg}}{\text{PS}_i\text{St.}}$$

$$D = 5{,}75 \cdot 5100 = 29300 \; \frac{\text{kg}}{\text{St.}} \quad \text{für 2 Turbinen}$$

$$G = \frac{1}{2} \cdot \frac{29300}{3600} = 4{,}08 \; \frac{\text{kg}}{\text{Sek.}} \quad \text{für 1 Turbine.}$$

Die Schaufellängen der Druckturbine werden erhalten durch Multiplikation der in Tabelle III unter A eingetragenen mit $\frac{4{,}08}{4{,}58} = 0{,}895$, diejenigen der Überdruckturbine durch Multiplikation mit dem Faktor $\frac{4{,}04}{3{,}52} = 1{,}16$ und ausserdem durch Ersatz der in den Rechnungen S. 65 verwendeten spezifischen Volumina durch die in folgender Tabelle V eingetragenen $v_{a1}$ und $v_{a2}$.

Tabelle V.

| Gr. | $p_{a1}$ | $x_{a1}$ | $v_{a1}$ | $p_{a2}$ | $x_{a2}$ | $v_{a2}$ | $\varepsilon$ | $l_{a1}$ | $l_{an}$ | |
|---|---|---|---|---|---|---|---|---|---|---|
| (I) 1. | 4,2 | 0,962 | 0,42 | 4,2 | 0,997 | 0,43 | 0,1 | 21,7 | 42,9 | HD.-Druck-turbine |
| (II) 2. | 2,5 | 0,975 | 0,72 | 2,5 | 0,986 | 0,71 | 0,2 | 24,8 | 39,1 | |
| (III) 3. | 1,43 | 0,963 | 1,20 | 1,43 | 0,975 | 1,25 | 0,3 | 27,5 | 43,4 | |
| (III) 4. | 1,35 | 0,974 | 1,25 | 0,50 | 0,943 | 3,11 | 1,0 | 22,6 | 56,0 | ND.-Über-druckturbine |
| (IV) 5. | 0,46 | 0,940 | 3,40 | 0,188 | 0,918 | 7,6 | 1,0 | 32,1 | 71,8 | |
| (V) 6. | 0,164 | 0,915 | 8,70 | 0,074 | 0,897 | 16,5 | 1,0 | 47,2 | 89,5 | |

Die Schaufelzahl der Druckturbine, deren Profile hier ebenfalls zu verwenden sind, ergibt sich nach Seite 59:

1. Rad mit Profil $P_1$—$P_4$ : $(0{,}1 + 3{,}3 + 1{,}0) \cdot 415 = 1825$
2. „ „ „ $P_5$—$P_7$ : $(0{,}2 + 2{,}4 + 1{,}0) \cdot 445 = 1600$
3. „ „ „ $P_5$—$P_7$ : $(0{,}3 + 2{,}6 + 1{,}0) \cdot 445 = 1733$

zusammen = 5158.

Die Schaufelzahl der Überdruckturbine mit den Profilen III, IV, V entspr. Fig. 18 III—V folgt nach S. 66:

| | | |
|---|---|---|
| 4. Rad mit Profil III: | = | 13850 |
| 5. „ „ „ IV: | = | 10130 |
| 6. „ „ „ V: | = | 7430 |
| zusammen | = | 31410 |
| Die Gesamtschaufelzahl der Vorwärtsturbinen | = | 36568. |

Als Rückwärtsturbine ist die S. 69 unter IV berechnete zu übernehmen mit einer Gesamtschaufelzahl von 13336, so dass die vorliegende kombinierte Turbine 49904 Schaufeln besitzt.

## Schluss:

Die Erhöhung der Wirtschaftlichkeit obiger Anlagen durch Steigerung der Kesselspannung über 16,5 Atm. abs. oder des Vakuums über ca. 94%, wie in vorhergehenden Rechnungen zugrunde gelegt, vergrössert unökonomisch die Gewichte der Kessel- und Kondensationsanlage; sie werde daher durch Überhitzung des Kesseldampfes um ca. 52° C, d. h. von $t_1 = 202^0$ auf $t_2 = 254^0$ erzielt. Infolge Leitungs- und Strahlungsverlustes sei vor dem Turbineneintrittsventil $p = 16{,}0$ Atm. abs., $t = 250^0$.

A. **Für die Druckturbinen werde das pro 1 kg verfügbare Wärmegefälle vergrössert**, indem die Expansionsdiagramme mit ihrem Anfangspunkt auf den Punkt „$p = 16{,}0$ und $t = 251^{0}$“ verschoben werden, dies ergibt z. B. für die „8-stufige“ Curtis-Turbine bei Ergänzung des Diagramms (Beilage III Fig. 12) um eine 9te Stufe mit $Q_9 = 22{,}5$ eine Austrittsspannung von $p_a \backsim 0{,}052$ Atm. abs., $x \backsim 0{,}942$;*) hierdurch wird die verfügbare Gesamtwärme um ca. 21 cal, d. h. auf $Q \backsim 207$ cal, die „indizierte“ Arbeit um 12 cal, d. h. auf $AL_i = 110$ cal erhöht, so dass $\eta_i = \frac{110}{207} = 0{,}532$, d. h. etwas grösser als in Rechnung III A, dagegen der indizierte Dampfverbrauch $D_i = \frac{632{,}3}{110} = 7{,}75 \frac{\text{kg}}{\text{PS}_i\text{ St.}}$ u. $G = \frac{1}{2} \cdot \frac{5{,}75 \cdot 5100}{3600} = 4{,}06 \frac{\text{kg}}{\text{Sek}}$ ist.

Die aus dem verschobenen und um die 9te Stufe verlängerten Expansionsdiagramm zu entnehmenden Spannungen und Sättigungs- bezw. Überhitzungsgrade ergeben die zugehörigen spezifischen Volumina und diese mittels Gl. 7b und 10 (S. 36 und 40) die Schaufellängen entsprechend der Tabelle III A. (S. 58).

*) Vergl. Beilage V a Fig. 23a.

Tabelle VI.

| Rad | $p_e$ | $t_e$, $x_e$ | $v_e$ | $\varepsilon$ | $l_e$ | $p_a$ | $t_a$, $x_a$ | $v_a$ | $l_{a1}$ | $l_{an}$ |
|---|---|---|---|---|---|---|---|---|---|---|
| 1 | 16,0 | $t=$ 250 | 0,145 | 0,10 | — | 6,2 | $t=$ 161 | 0,31 | 16,0 | 31,6 |
| 2 | 6,2 | 196 | 0,34 | 0,20 | — | 3,7 | 155 | 0,53 | 18,2 | 28,7 |
| 3 | 3,7 | 166 | 0,54 | 0,30 | — | 2,2 | 123 | 0,83 | 19,0 | 30,0 |
| 4 | 2,2 | 146 | 0,87 | 0,40 | — | 1,25 | $x=$ 0,990 | 1,40 | 24,0 | 38,0 |
| 5 | 1,25 | 109 | 1,45 | 0,50 | — | 0,71 | 0,979 | 2,30 | 31,5 | 49,9 |
| 6 | 0,71 | $x=$ 0,990 | 2,35 | 0 60 | — | 0,38 | 0,966 | 4,10 | 46,8 | 74,0 |
| 7 | 0,38 | 0,979 | 4,15 | 0,70 | — | 0,21 | 0,955 | 7,20 | 70,5 | 107,0 |
| 8 | 0.21 | 0,967 | 7,30 | 0,85 | — | 0,11 | 0,944 | 12,50 | 100,0 | 159,0 |
| 9 | 0,11 | 0,957 | 12,80 | 1,00 | — | 0,052 | {0,935<br>{0,946 | ca. 25<br>ca. 26 | 171,0 | ∽271,0 |
| Rad | Eintritt 1. Leitrad | | | | | Austritt 1. u. 3. Leitrad | | | | |

1. $$l_{a1} = 4{,}06 \cdot \frac{0{,}31 \cdot 1{,}08 \cdot 1000}{171 \cdot 0{,}10 \cdot 1{,}585 \cdot \pi} = 4{,}06 \cdot 0{,}31 \cdot 12{,}7 = 16{,}0 \text{ mm}$$
$$l_{an} = 1{,}98 \cdot 16{,}0 = 31{,}7 \text{ mm.}$$

2. $$l_{a1} = 4{,}06 \cdot \frac{0{,}53}{0{,}20} \cdot \frac{1{,}08 \cdot 1000}{120 \cdot 1{,}700 \cdot \pi} = 4{,}06 \cdot 2{,}65 \cdot 16{,}85 = 18{,}1 \text{ mm}$$
$$l_{an} = 1{,}58 \cdot 18{,}1 = 28{,}7 \text{ mm.}$$

3. $$l_{a_1} = 4{,}06 \cdot \frac{0{,}83}{0{,}30}\, 16{,}85 = 19 \text{ mm}; \quad l_{an} = 1{,}58 \cdot 19 = 30{,}0 \text{ mm}$$

usw.

B. Für die Überdruckturbine bleibe das — z. B. in obiger Rechnung IV für die Parsonsturbine — vorgesehene pro 1 kg Dampf verfügbare Wärmegefälle unverändert, indem das Expansionsdiagramm, z. B. Fig. 17, mit seinem Anfangspunkt auf der J.-S.-Tafel von Punkt „$p = 11{,}5$, $t = 195^0$“ annähernd parallel zur Linie $p = 0{,}05$ solange verschoben wird, bis es die auf ihm verzeichnete Endspannung $p_a = 0{,}064$ Atm. abs. erreicht; der Anfangspunkt kommt dann auf Punkt „$p = 9{,}2$ Atm. abs. $t = 241^0$ C“ zu liegen, d. h. der Dampf muss von $p = 16{,}0$ auf 9,2 Atm. abs. gedrosselt werden, wodurch er um 64° C überhitzt wird. (S. Diagramm Fig. 23, Beilage V.) $Q$, $AL_i$ und $\eta_i$ behalten hier die Werte von Fig. 17; dagegen wachsen die spezifischen Volumina, z. B. das Anfangsvolumen auf $v_{e1} \backsim 0{,}25 \frac{\text{cbm}}{\text{kg}}$, das Endvolumen auf $v_{a76} \backsim 20{,}5$ (vergl. Tab. IVA), mithin in demselben Verhältnis die Schaufellängen mit entsprechender Verringerung der Spielraumsverluste. Die $l_{a1}$ u. $l_{an}$ der Tab. IV sind mit dem Verhältnis aus deren zugehörigem Volumen und demjenigen aus Tab. VII multipliziert.

Tabelle VII.

| Gr. | $\frac{p_{a1}}{p_{an}}$ | $\frac{t_{a1}}{x_{an}}$ | $\frac{v_{a1}}{v_{an}}$ | $\frac{l_{a1}^{mm}}{l_{an}}$ | |
|---|---|---|---|---|---|
| I. | 9,10<br>3,40 | 240°<br>161° | 0,25<br>0,59 | 10,3<br>24,1 | Die übrigen Werte der Tab. IV. gelten auch hierfür. |
| II. | 3,30<br>1,25 | 160°<br>0,988 | 0,60<br>1,43 | 15,1<br>35,7 | Die übrigen Werte der Tab. IV. gelten auch hierfür. |
| III. | 1,24<br>0,43 | 0,986<br>0,957 | 1,45<br>3,60 | 22,6<br>56,2 | Die übrigen Werte der Tab. IV. gelten auch hierfür. |
| IV. | 0,40<br>0,164 | 0,955<br>0,930 | 3,90<br>9,00 | 31,8<br>73,1 | Die übrigen Werte der Tab. IV. gelten auch hierfür. |
| V. | 0,148<br>0,064 | 0,929<br>0,906 | 9,80<br>20,5 | 44,9<br>96,6 | Die übrigen Werte der Tab. IV. gelten auch hierfür. |

## Schlussbemerkung.

Die Schaufellängen sind in sämtlichen Rechnungen unter der gleichen Annahme von 8% Vergrösserung des „achsialen Reinquerschnitts“ der Dampfkanäle bestimmt worden (vgl. S. 36 u. Deinlein S. 22). Die konstruierten Schaufelschemata erfordern aber die Berücksichtigung einer grösseren Schaufelstärke sowie der verschieden grossen Winkel $\alpha_1$, so dass z. B. bei der Curtisturbine die angegebenen Schaufellängen mit $f_2 = \frac{f_1}{f} = \frac{1,33}{1,08} = 1,23$ multipliziert werden müssten.

Für Teilung $t = 12$ mm und eine Enddicke der Leitschaufel $\delta = 1,5$ mm folgt für

$$\begin{aligned}
\alpha_1 &= 15^0 & f_1 &= 2,00 & f_2 = \frac{f_1}{1,08} &= 1,85 \\
x &= 30^0 & &= 1,33 & &= 1,23 \\
&= 45^0 & &= 1,22 & &= 1,13 \\
&= 60^0 & &= 1,17 & &= 1,08 \\
&= 75^0 & &= 1,15 & &= 1,06.
\end{aligned}$$

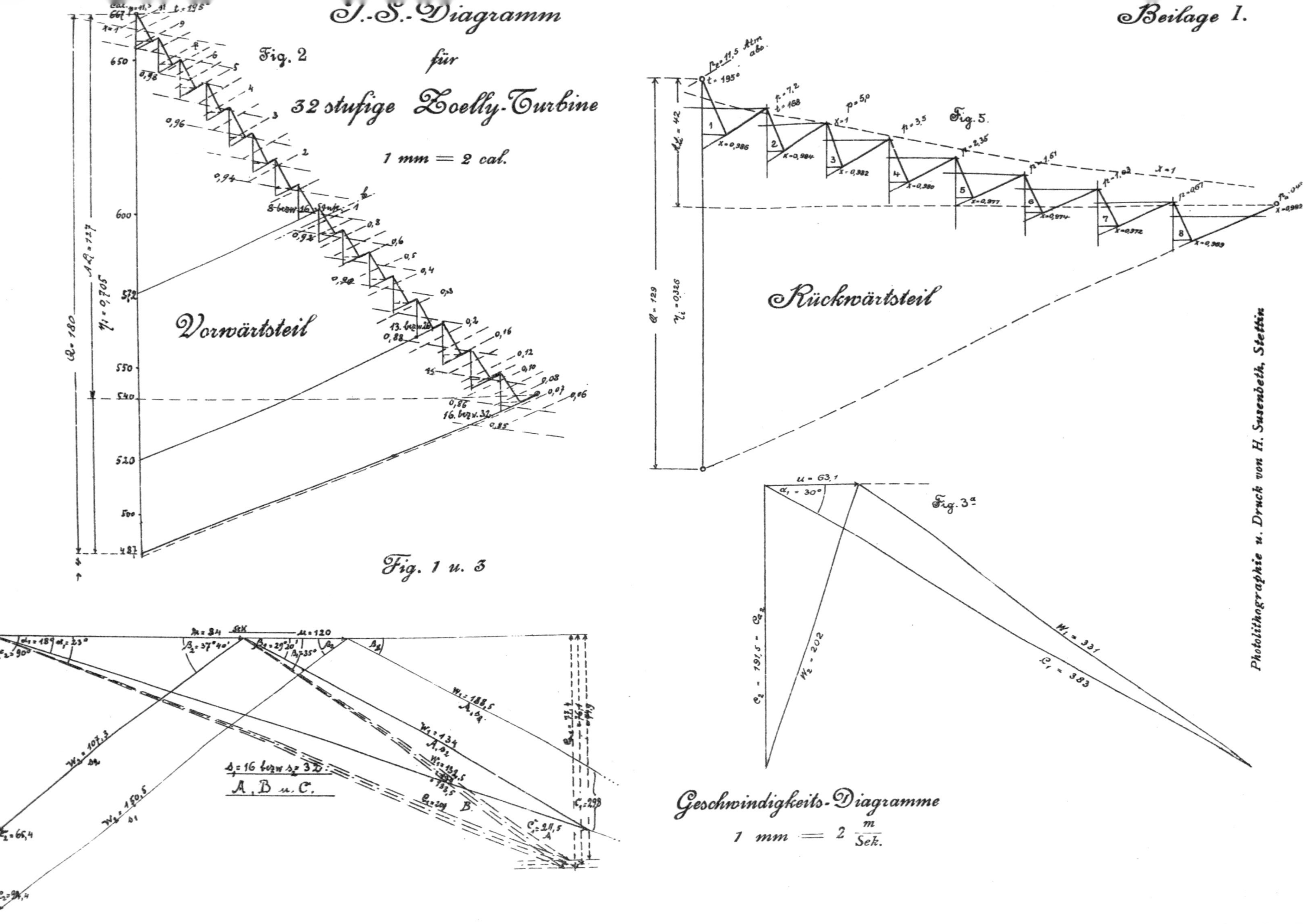


Photolithographie u. Druck von H. Susenbeth, Stettin

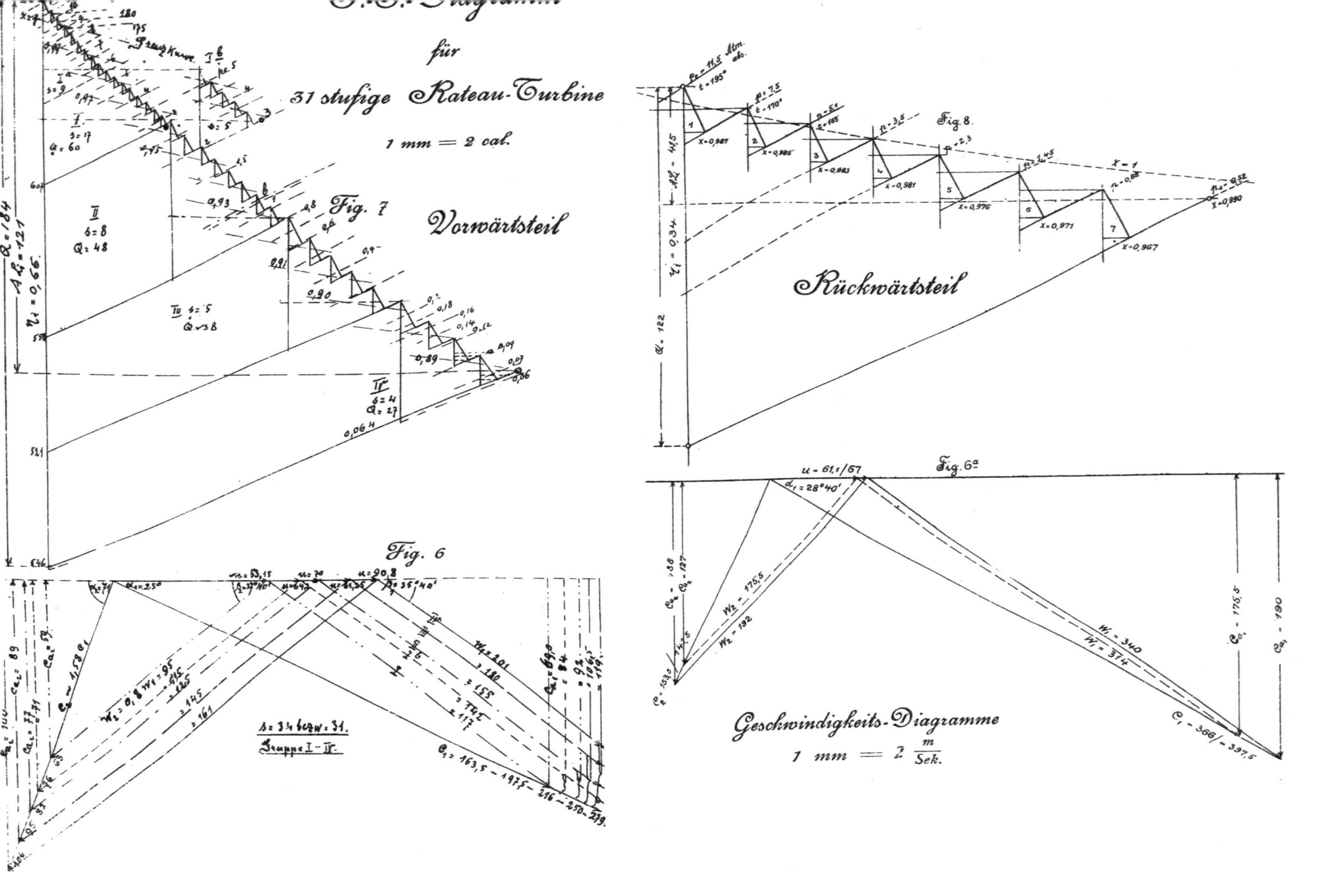

für
31 stufige Rateau-Turbine
1 mm = 2 cal.
Fig. 7
Vorwärtsteil
Fig. 8.
Rückwärtsteil
Fig. 6
Fig. 6a
Geschwindigkeits-Diagramme
1 mm = 2 m/Sek.

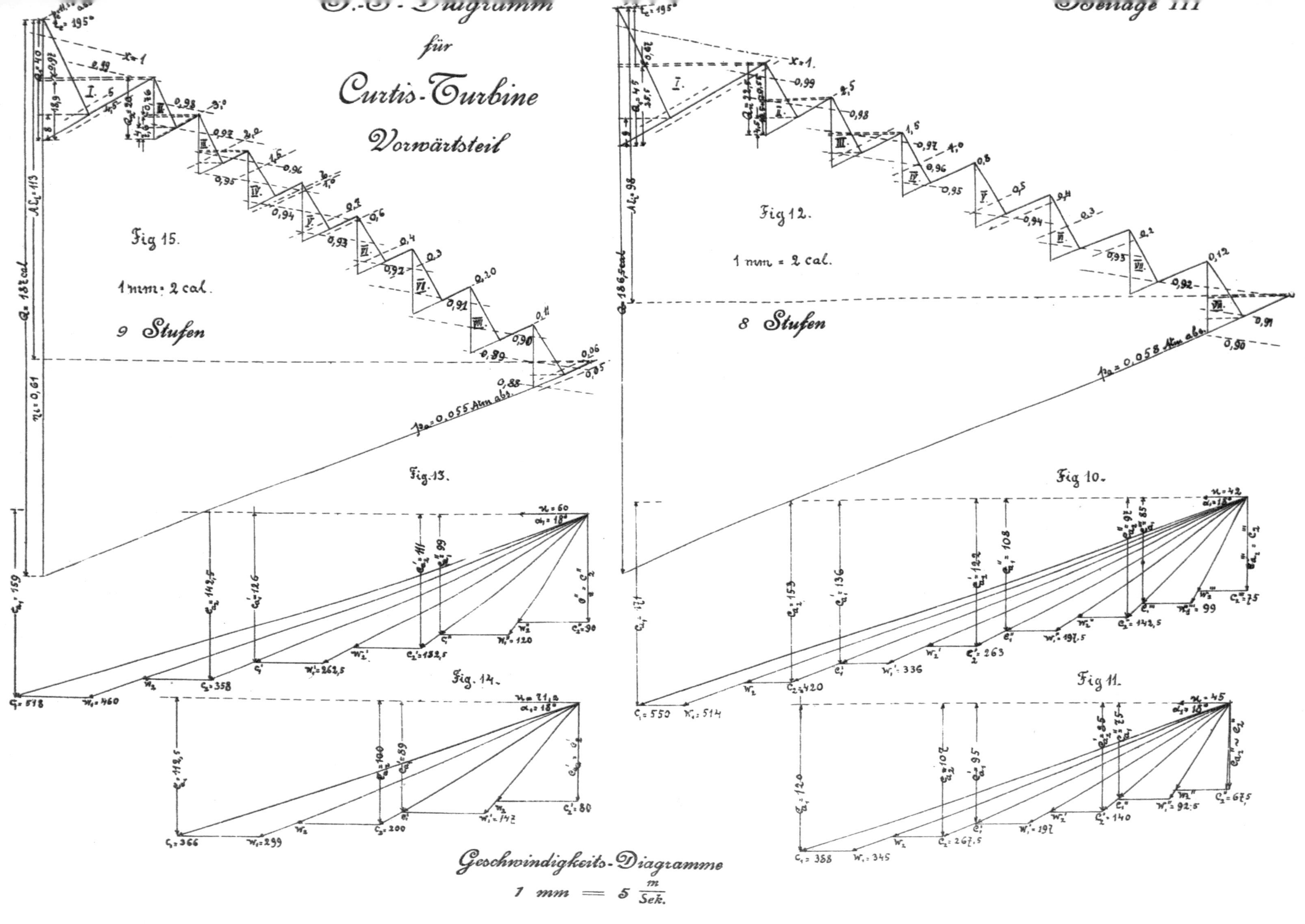

Geschwindigkeits-Diagramme
1 mm = 5 m/Sek.

Beilage III^a

# J.-S.-Diagramm für Curtis-Turbine
## Rückwärtsteil.

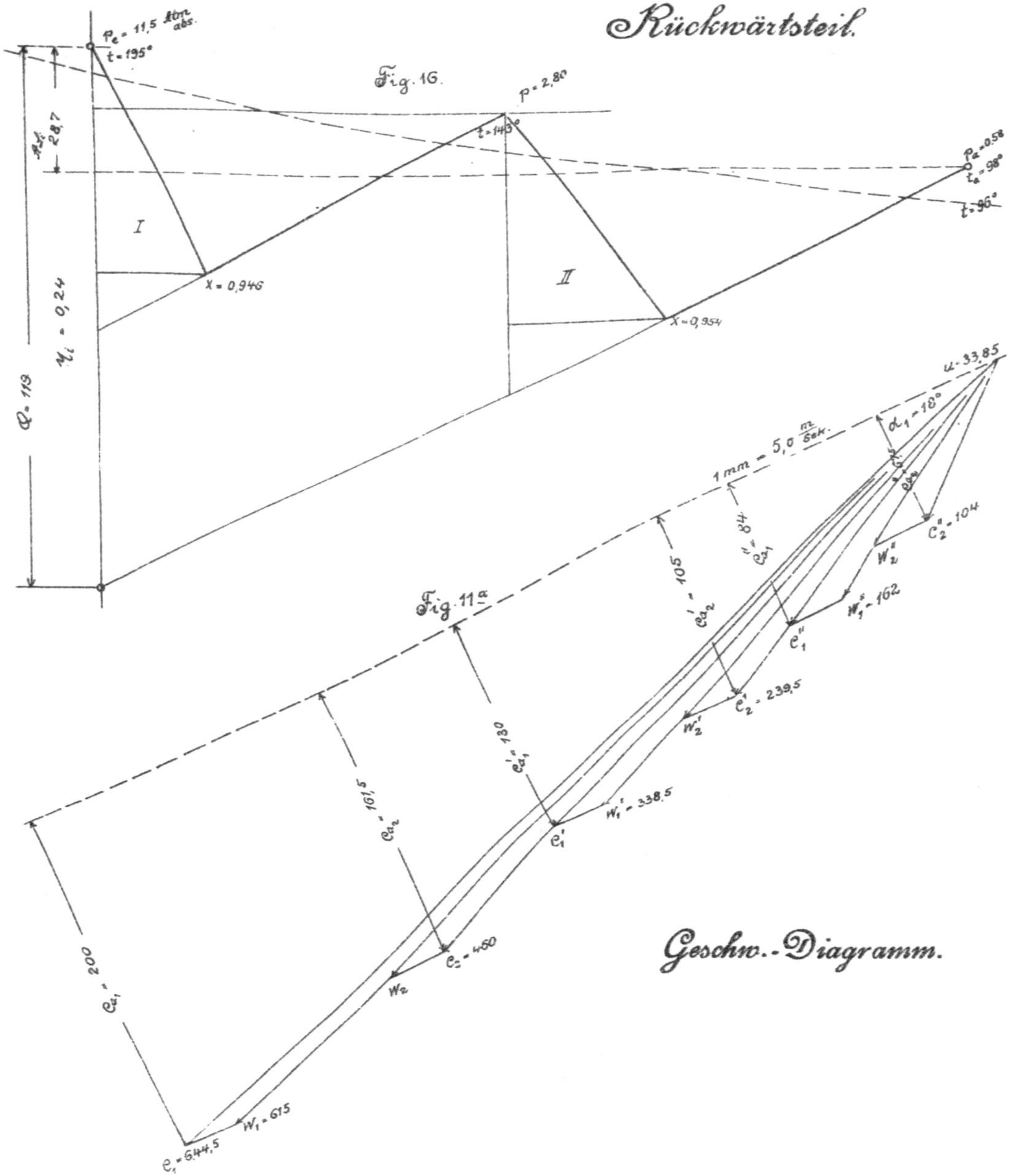

Fig. 16.
Fig. 11a
Geschw.-Diagramm.


Beilage VI^a

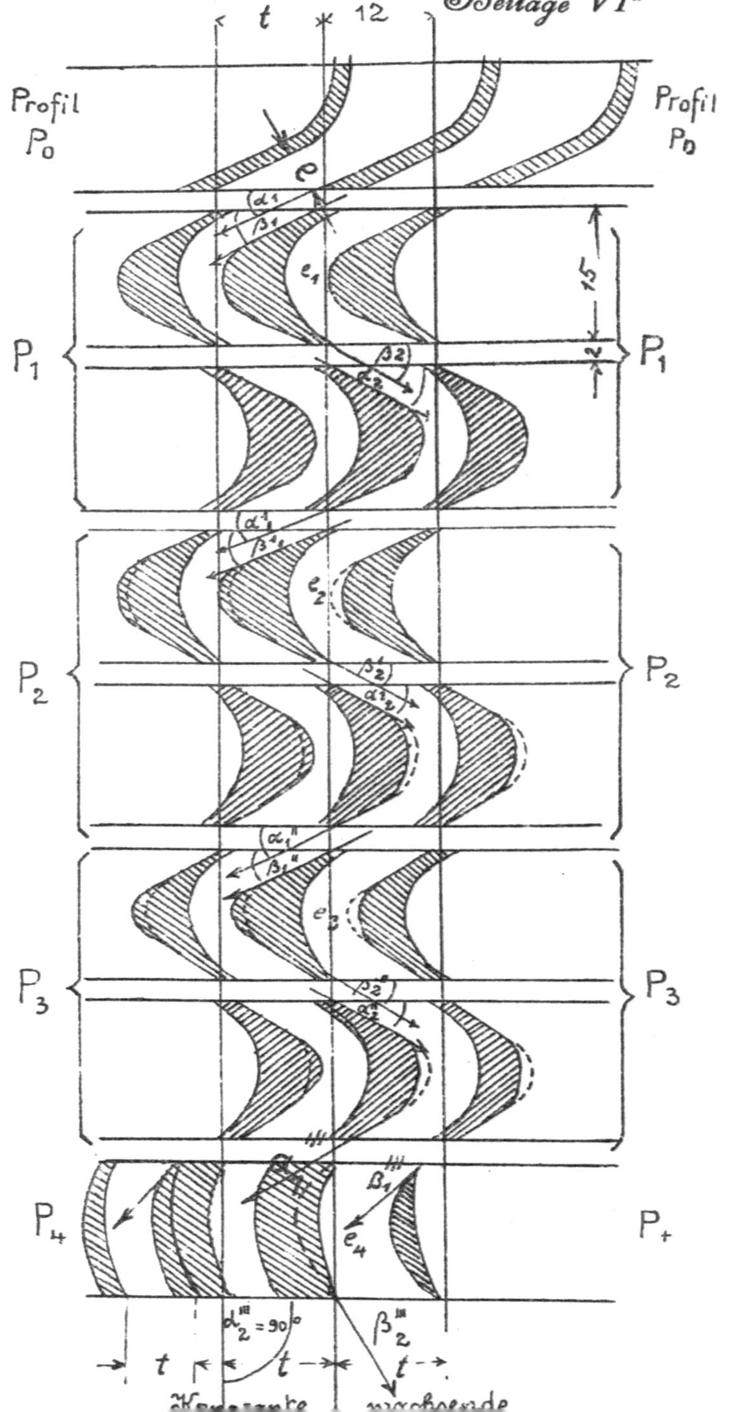

Fig. 31.
Profil P0
P1
P2
P3
P4


Photolithographie u. Druck von H. Susenbeth, Stettin.

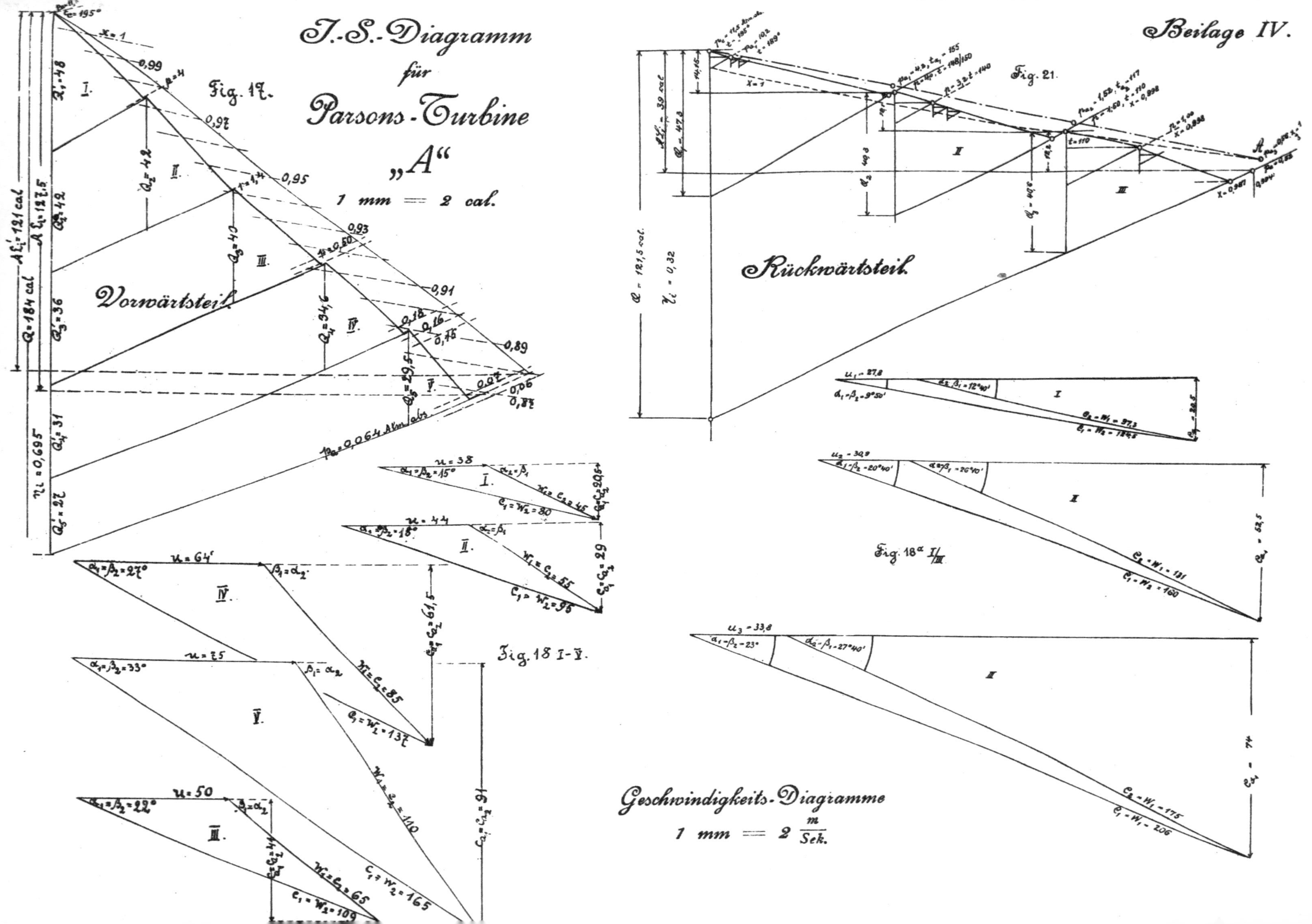

Beilage IV.
J.-S.-Diagramm
für
Parsons-Turbine
„A“
1 mm = 2 cal.
Fig. 17.
Vorwärtsteil.
Rückwärtsteil.
Fig. 21.
Fig. 18 I-V.
Fig. 18a I/III
Geschwindigkeits-Diagramme
1 mm = 2 m/Sek.

Beilage IVa

J.-S.- u. Geschw.-Diagramme
für
Parsons-Turbine „B“
Vorwärtsteil.
Fig 19. 1 mm = 2 cal.
Fig 20. I-V
1 mm = 2 m/Sek.
$p_e$ = 11,5 Atm.
$t_e$ = 195° |abs.
x = 1
Q = 185 cal
Q $\xi_i$ = 123
$\eta_i$ = 0,666
$p_a$ = 0,064 Atm abs.
I – IV angenäherte Konstr.
Genaue Konstr.

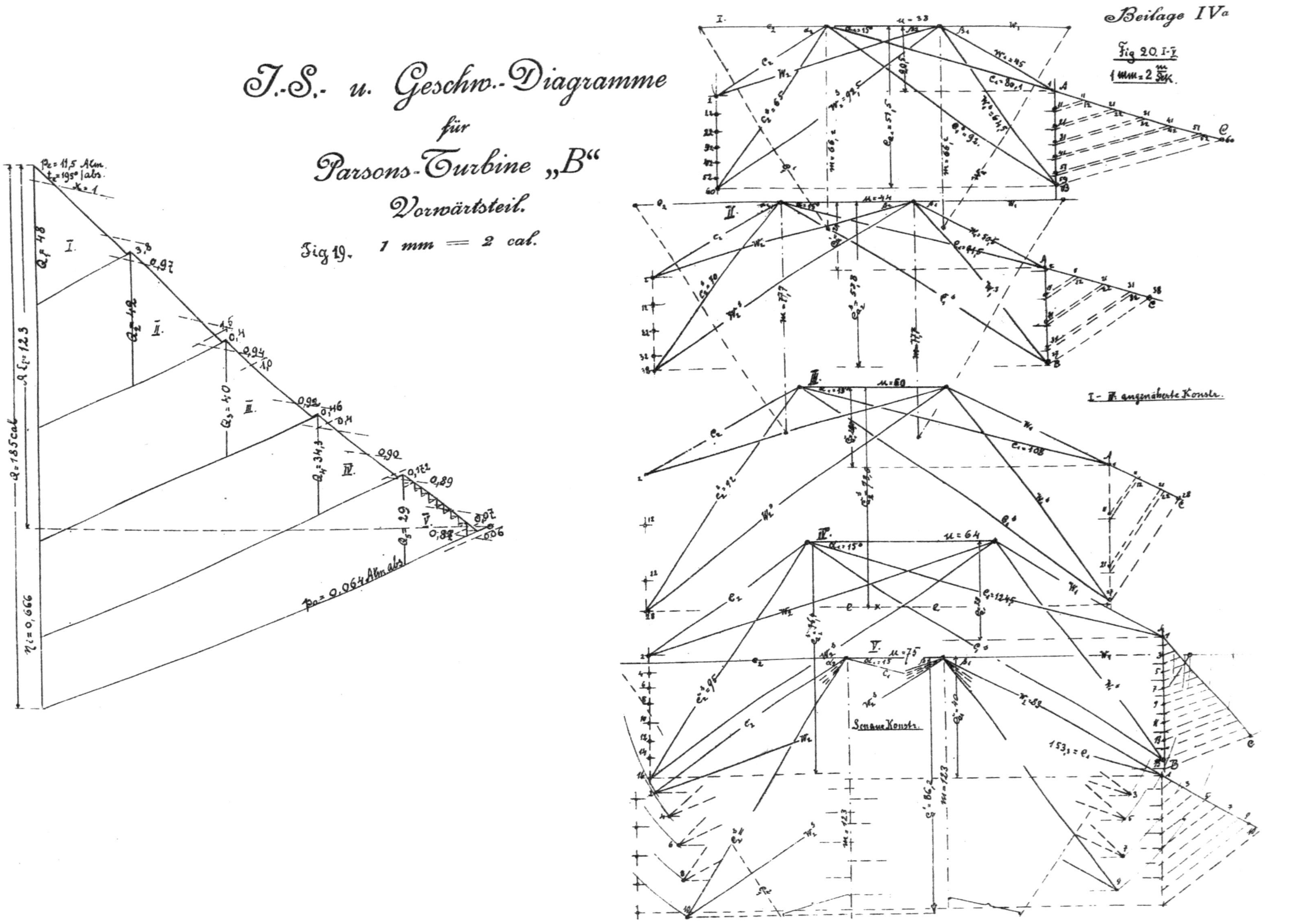

# Curtisturbine
## mit
## 50° C. Überhitzung im Eintrittskanal

Fig. 23a

1 mm = 2 cal.

$Q = 207$ cal

$AL_i = 110$ cal

$\eta_i = 0{,}532.$

$p_a = 0{,}052$ Atm. abs.

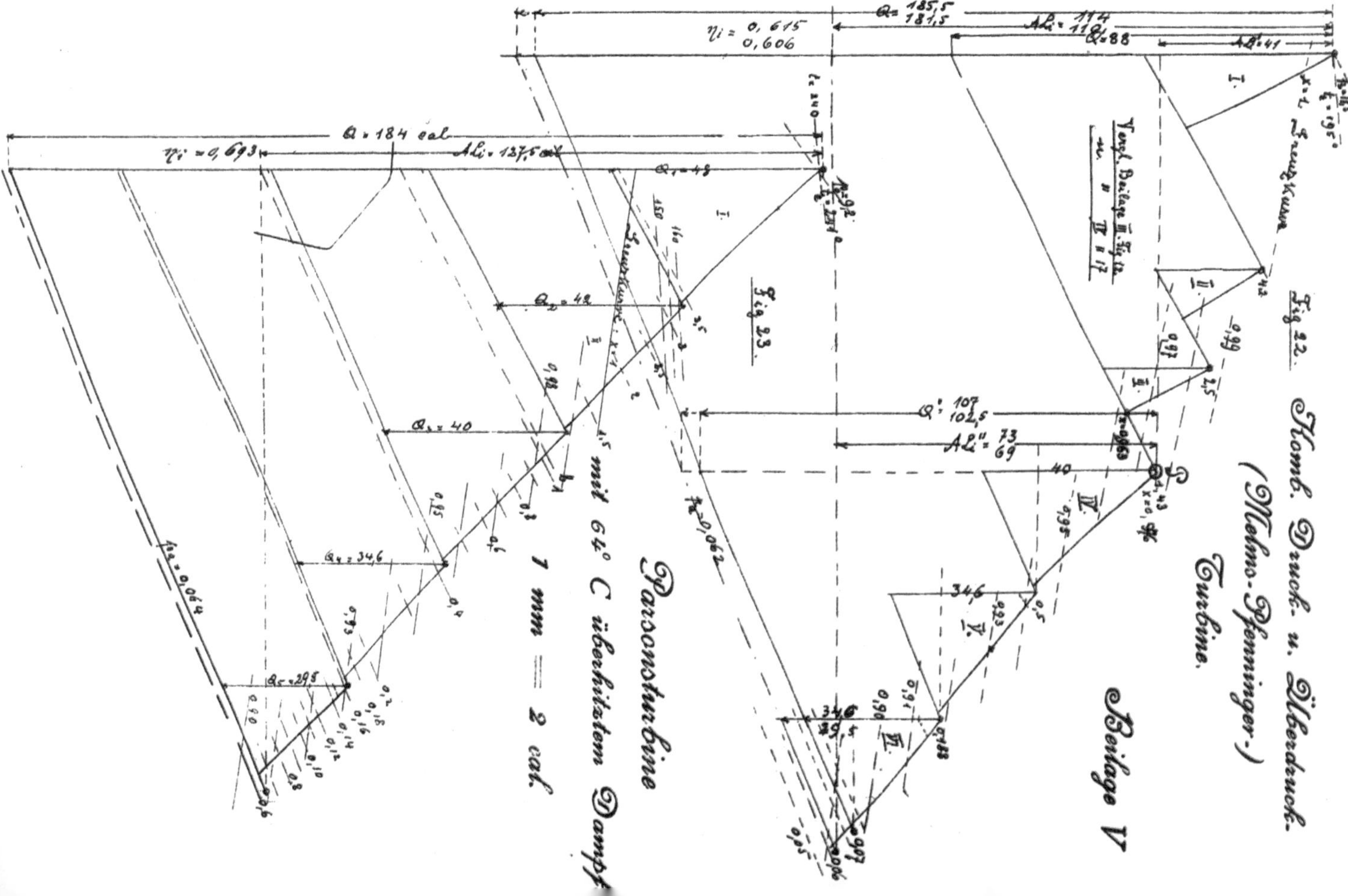

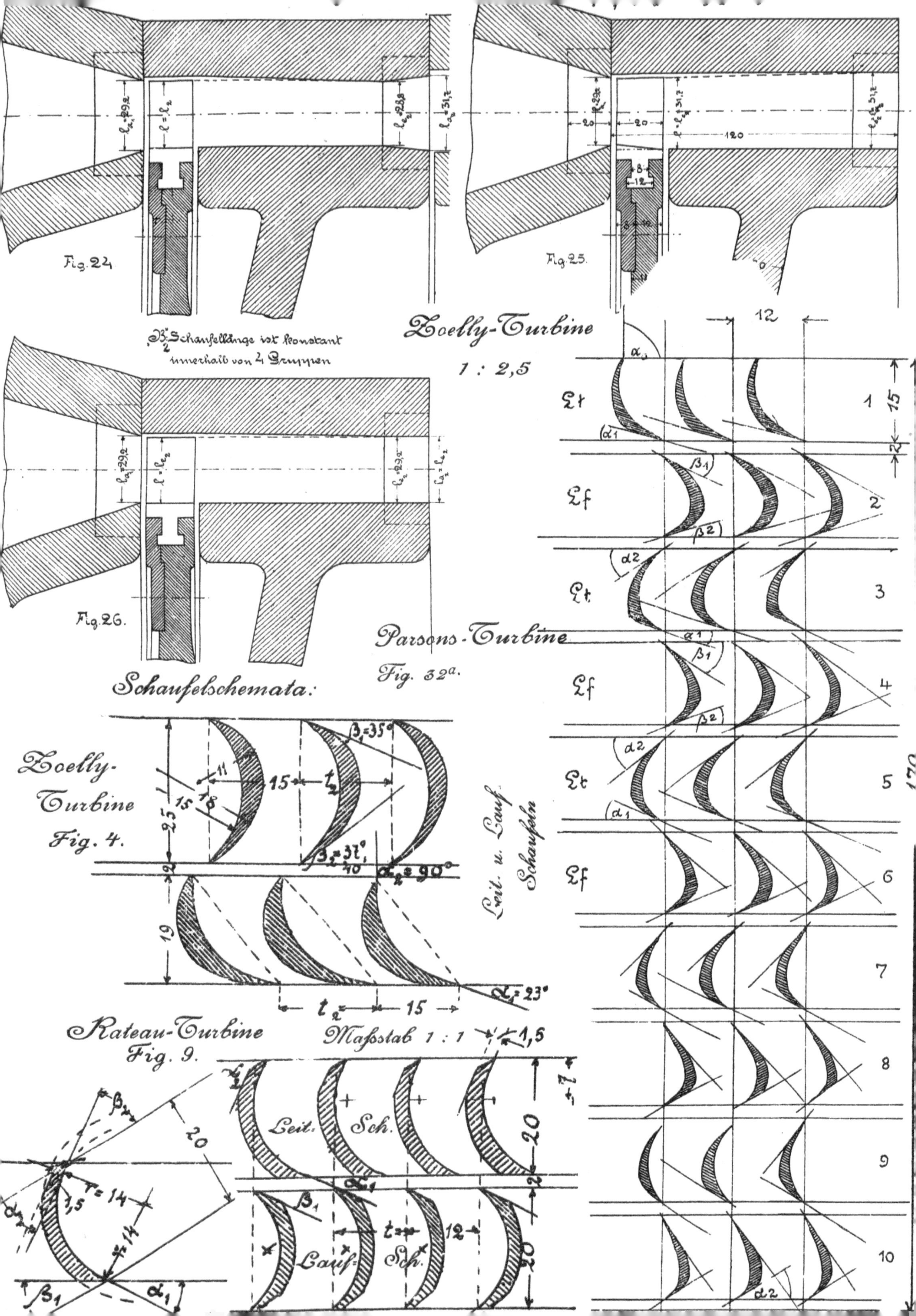

Fig. 24
Fig. 25.
Fig. 26.
$\beta_2$ Schaufellänge ist konstant innerhalb von 4 Gruppen
Zoelly-Turbine
1 : 2,5
Parsons-Turbine
Fig. 32a.
Schaufelschemata:
Zoelly-Turbine
Fig. 4.
Leit. u. Lauf-Schaufeln
Rateau-Turbine
Fig. 9.
Maßstab 1 : 1
Leit-Sch.
Lauf-Sch.

Beilage VII.

Fig. 27.

32 stufige Zoelly-Turbine

Beschaufelung gemäß Rechnung „C“.

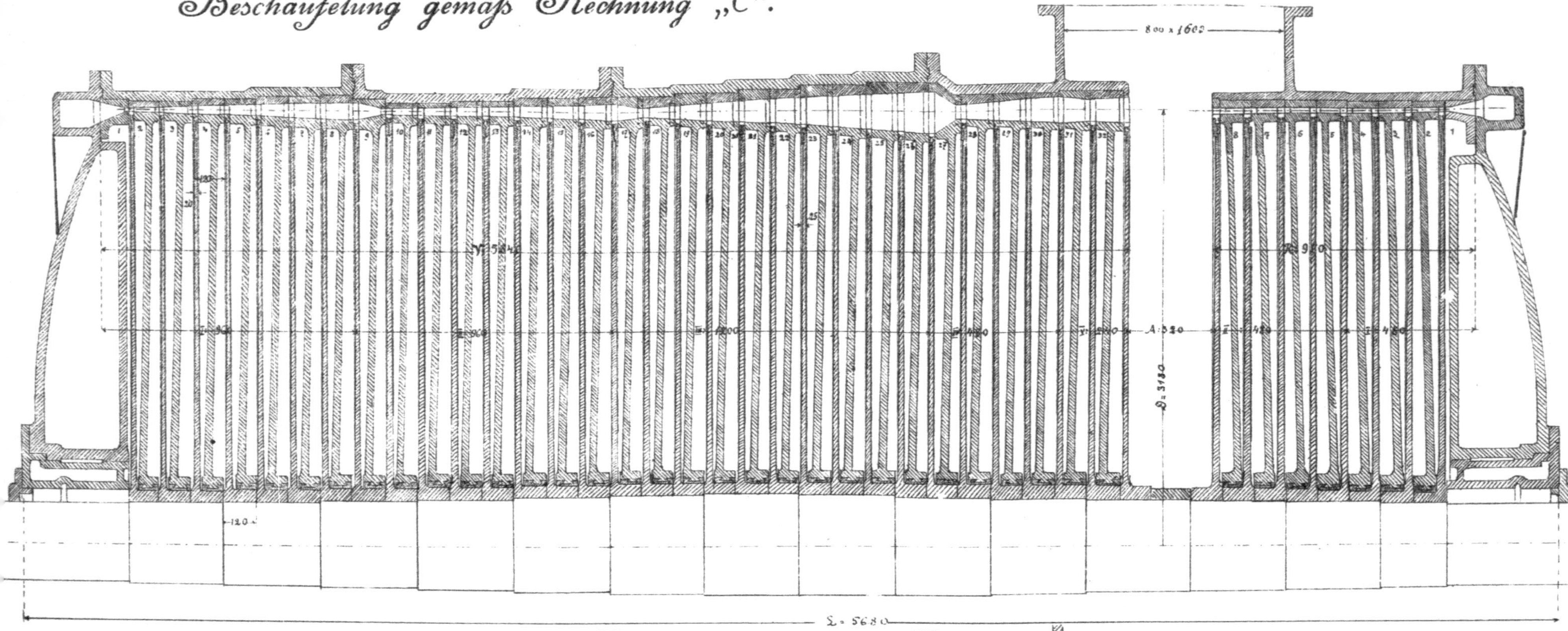

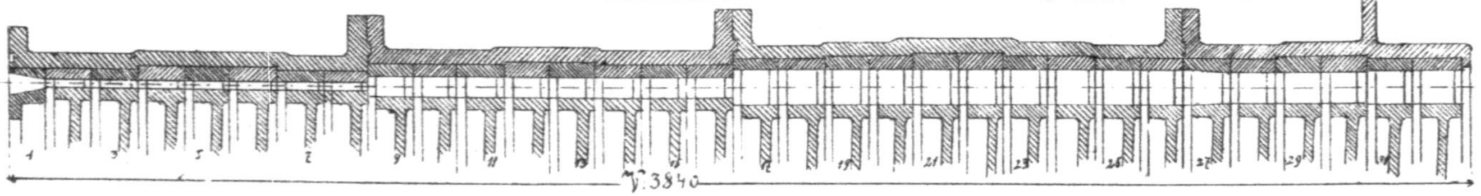

Fig. 28. Beschaufelung gemäß Rechnung „B“.

Photolithographie u. Druck von H. Susenbeth, Stettin.

Beilage VIII.

Fig. 29.

31 stufige Rateau-Turbine

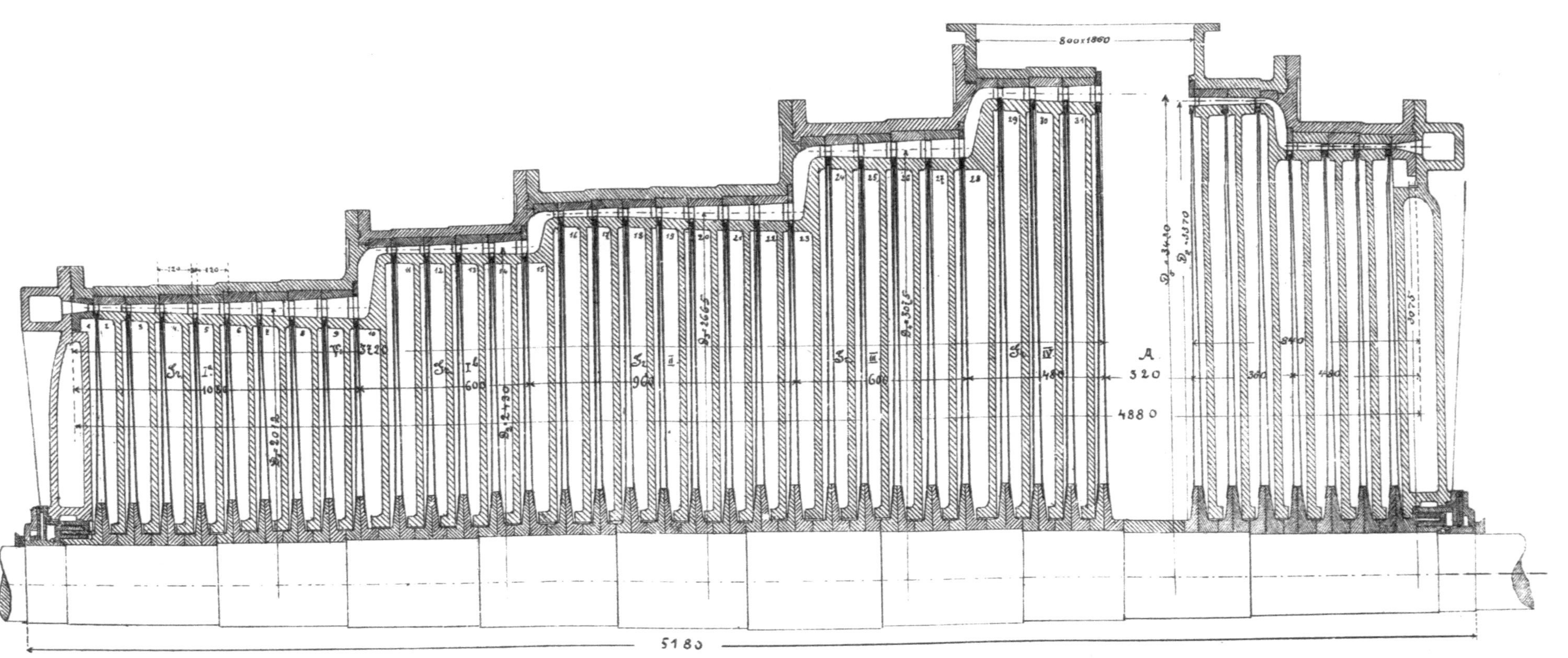

Fig. 30.

8 stufige Curtisturbine

3 : 100

Fig. 33.

Kombinierte Druck- u. Überdruck-Turbine

(Melms-Pfenninger-Turbine)

3 : 100

Beilage XI.

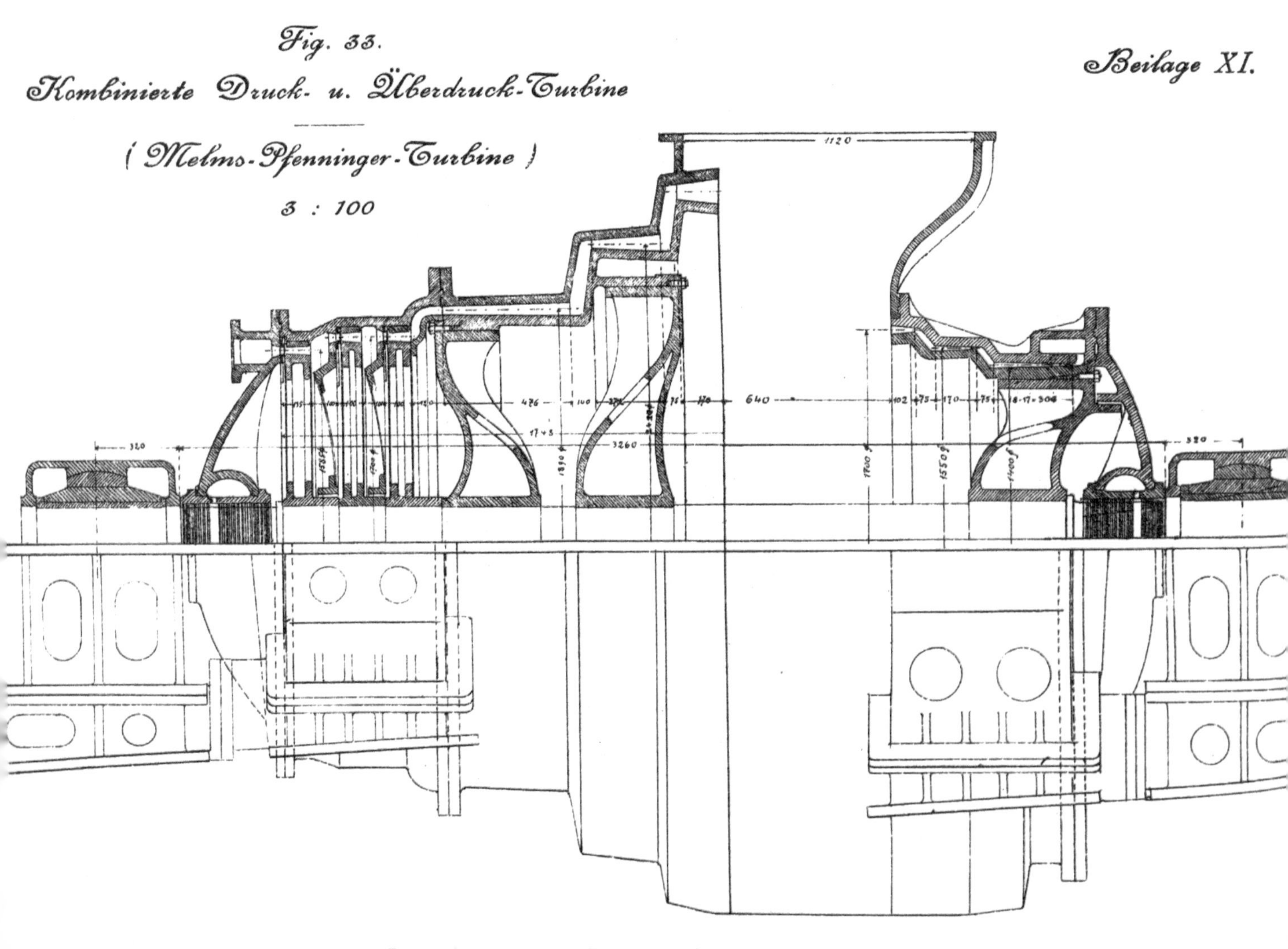

Fig. 32.

Parsons-Turbine mit konstant. Schaufelwinkeln

3 : 100

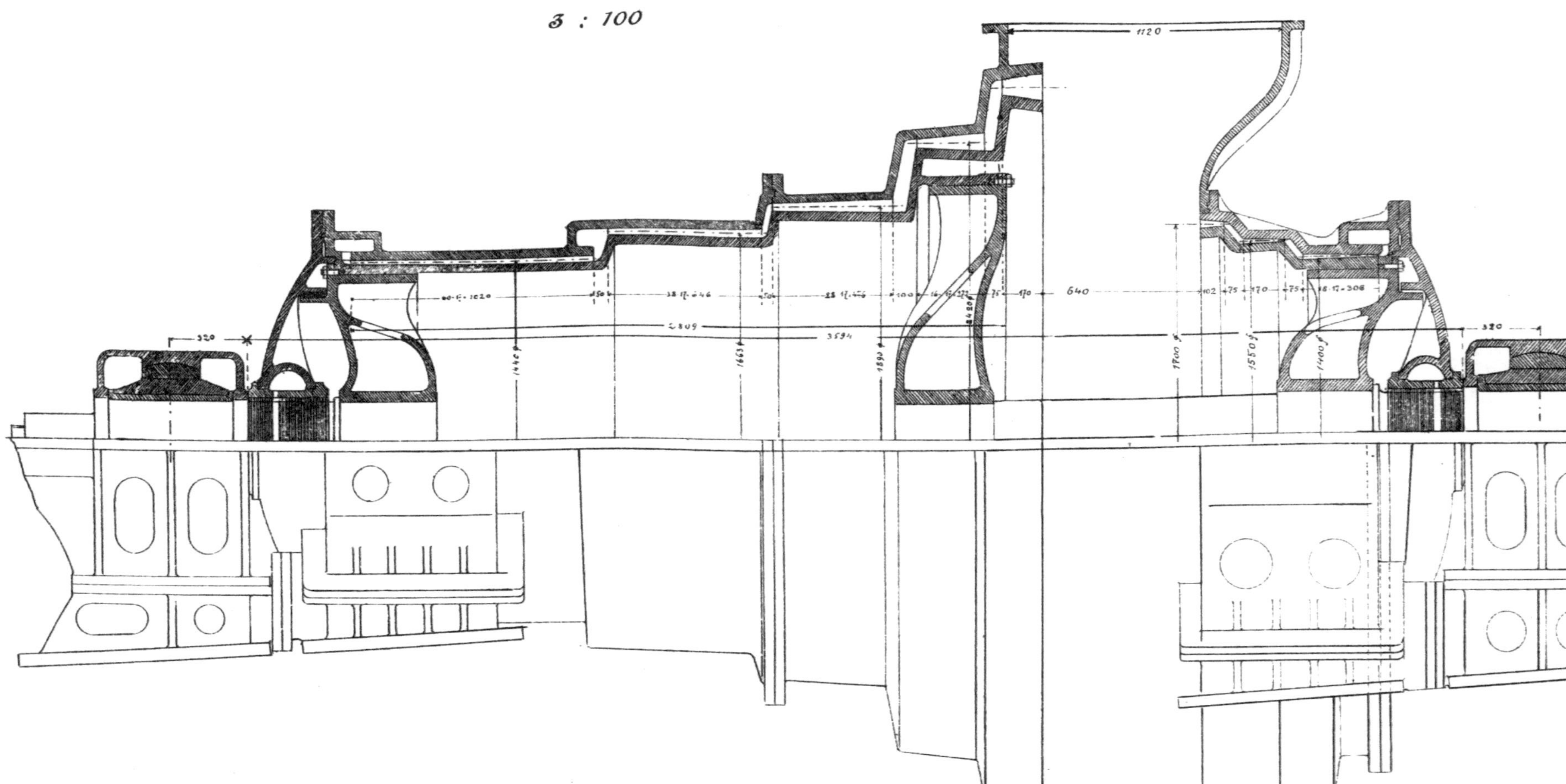

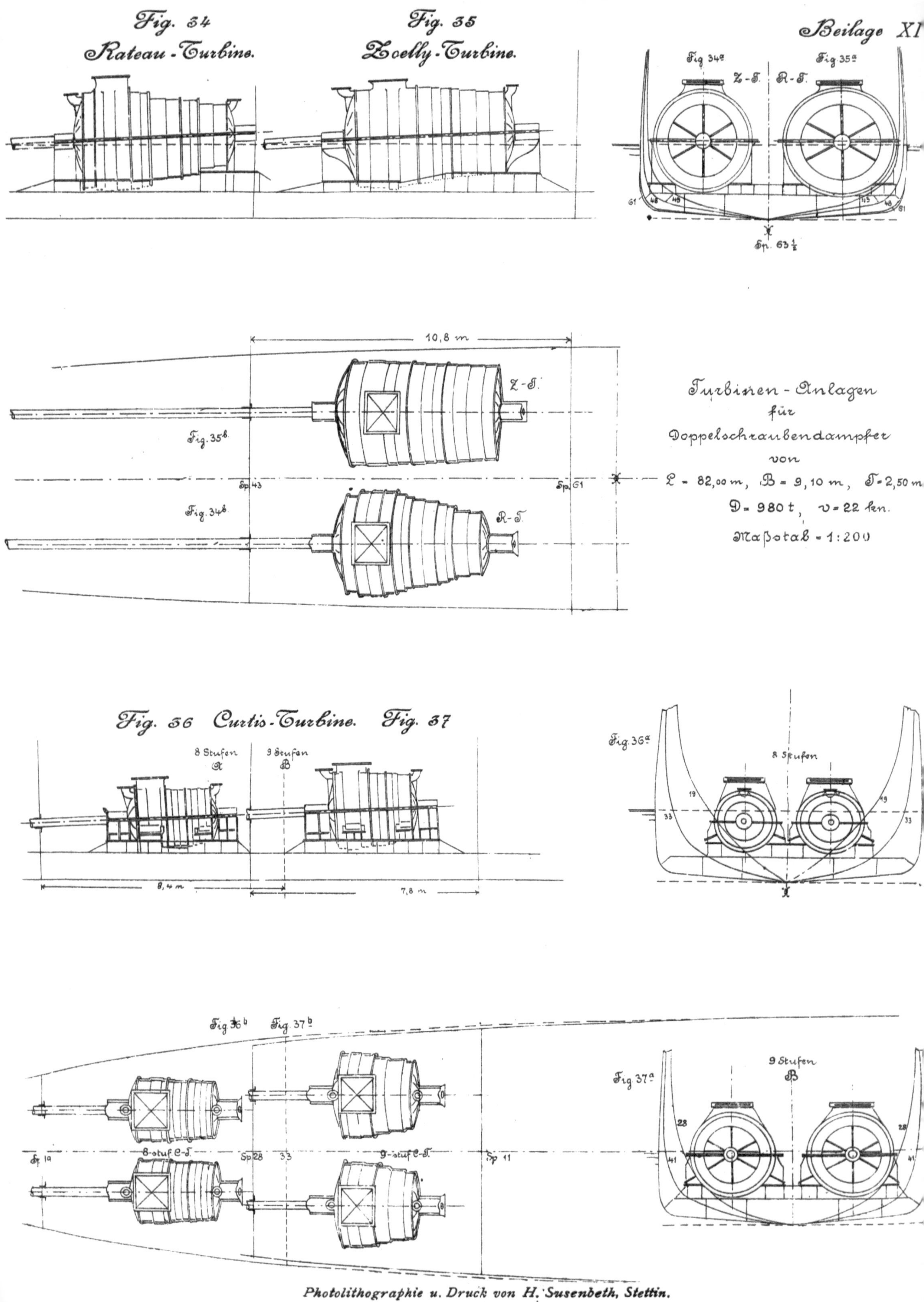


Photolithographie u. Druck von H. Susenbeth, Stettin.

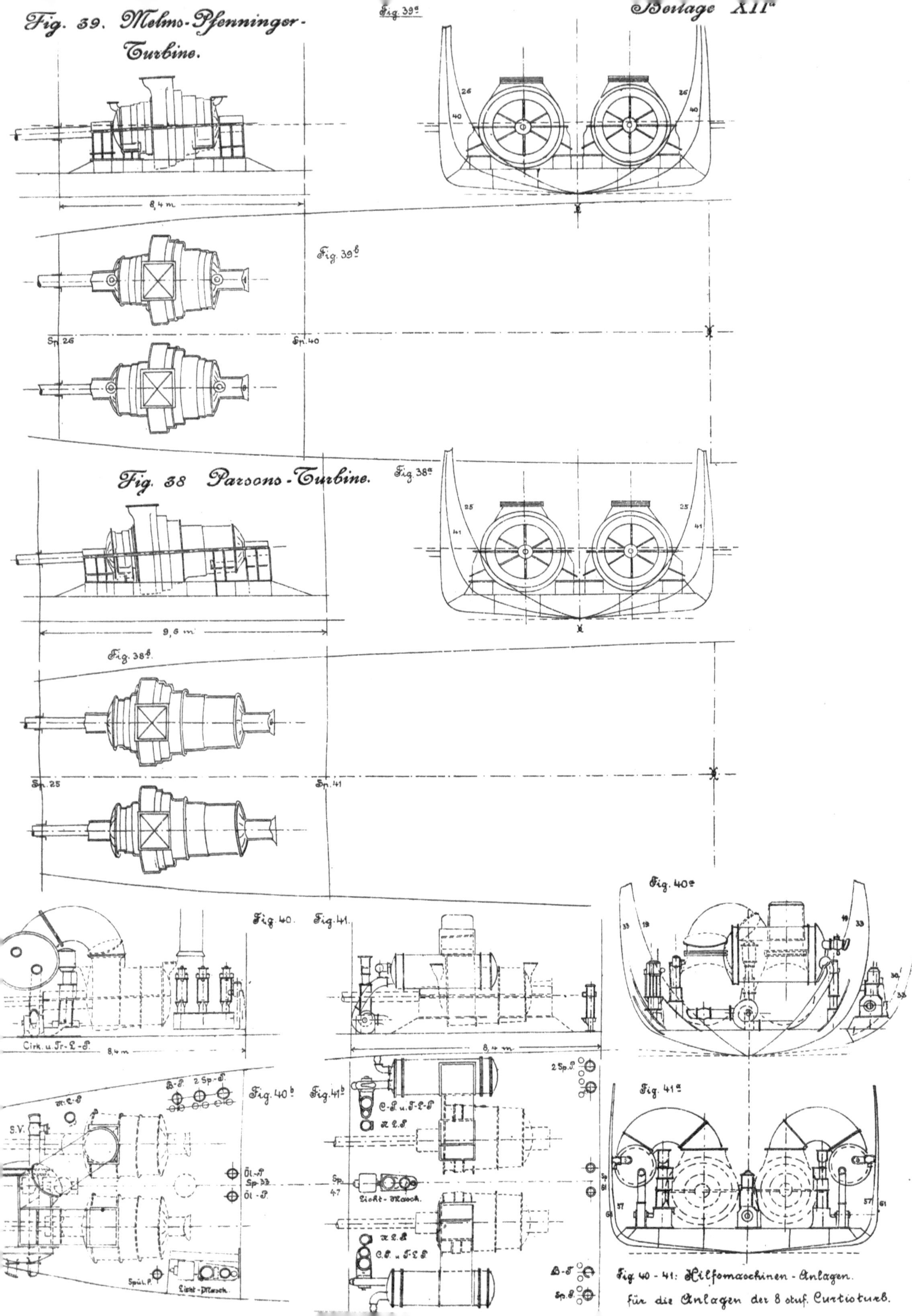


Fig. 40-41: Hilfsmaschinen-Anlagen.
für die Anlagen der 8 stuf. Curtisturb.